红椿种质资源保护与开发

汪洋　佘远国　蔡京勇　著

中国林业出版社

图书在版编目(CIP)数据

红椿种质资源保护与开发/汪洋，佘远国，蔡京勇著. —北京：中国林业出版社，2021.8
ISBN 978-7-5219-1254-8

Ⅰ.①红… Ⅱ.①汪… ②佘… ③蔡… Ⅲ.①红椿-种质资源-资源保护-研究②红椿-种质资源-资源开发-研究 Ⅳ.①S792.99

中国版本图书馆CIP数据核字(2021)第134474号

审图号：GS(2021)5580号

责任编辑：孙 瑶
电　　话：010-83143629

出版发行　中国林业出版社(100009　北京市西城区德内大街刘海胡同7号)
　　　　　http://www.forestry.gov.cn/lycb.html
印　刷　中林科印文化发展(北京)有限公司
版　次　2021年8月第1版
印　次　2021年8月第1次
开　本　787mm×1092mm　1/16
印　张　11.625
字　数　270千字
定　价　80.00元

未经许可，不得以任何方式复制或抄袭本书之部分或全部内容。
版权所有　侵权必究

Preface 前言

湖北省位于中国地貌第二级阶梯与第三级阶梯的过渡地带，整个地势西高东低，地貌形态多样。丰富的地貌、气候和土壤条件，形成了复杂多样的生境，是中国植物资源的宝库之一。基于"两山"理论提出的生态系统动态平衡、经济发展与环境保护协调发展等重要原则，在国家退耕还林还草、长江经济带生态环保战略和湖北省绿满荆楚计划推动下，湖北森林资源总量有所增加，但整体质量有待提高。湖北用材林树种结构存在差异，传统速生树种或短轮伐期树种如杨树、杉木、水杉和马尾松等占比大，蓄积量高。优良乡土树种在现有林地比例中占比很小，其开发仍未给予足够的重视。

红椿（*Toona ciliata* Roem.）属楝科（Meliaceae）香椿属（*Toona*），国家二级保护野生植物（国务院1999年8月4日批准），有中国桃花心木之称（中国树木志编委会，1981），是珍贵速生用材树种。针对湖北红椿天然林资源逐渐减少、种质资源分布不清、良种选育与开发起步较晚的情况，湖北省科学技术厅在2012年度科研项目指南中，已经将红椿列入湖北省重点支持的农林动植物新品种选育目录，旨在推进红椿种质资源发掘、创新与利用。

湖北拥有零星、濒危的红椿种质资源。由于缺乏开发力度和信息相对缺乏，红椿资源分布不清、良种缺乏、无规模造林。在已有的资源基础上开展红椿种质资源调查、研究其濒危机制、揭示遗传变异特征、选择优树、选育优良品种、造林和生态资源保护等工作，对于充分发挥红椿最大生态效益、社会效益和经济效益，对湖北二高山地区、低山丘陵地区和平原地区培植新的经济增长点，提高林农收入，调整湖北现有用材林品种结构，促进长江中下游地区和华中南地区的林业可持续发展和优质木材战略储备基地建设，促进生态文明建设，有着十分重要的意义。

出版本书的初衷是将红椿科研项目实施中相关研究成果系统化分类，将红椿理论研究与实践紧密结合，更好地服务于林业生产和生态资源领域科研与实践。全书由8个章节组成。第一章红椿研究概况，简要介绍国内外有关红椿在林业、生态与遗传等方向的研究进展与成果；第二章野外调查与测定，介绍了研究区红椿种质资源、森林生态、遗传材料和土壤的调查与测定方法；第三章红椿种质资源分布，系统概述红椿在世界、中国和湖北的天然资源分布区域；第四章红椿天然林直径分布，简介红椿天然林直径分布模型拟合与检验，提出红椿直径分布预测模型；第五章红椿生态学研究，重点阐述我们在红椿种群生态学和群落生态学领域的研究方法与结果；第六章红椿天然林优树选择，重点介绍了我们在鄂西北和湖北全省选择红椿优树的建模方法与研究结果；第七章红椿遗传研究，着重分析红椿表型变异以及表型变异的地理趋势，并基于SSR标记分析中国红椿主要分布区红椿种质资源的遗传多样性；第八章红椿优良家系选育，简要概括红椿优树无性系苗期遗传增益估算和选择评价方法。期望本书的出版能够为进一步在湖北地区完善优质、丰产、稳定的红椿良种培育体系，为林业产业和生态建设做出贡献。

本书出版之际，我们特别感谢在红椿科研中给予我们大力支持帮助的湖北省林业局总工程师宋丛文博士，感谢著者所在单位湖北生态工程职业技术学院和学院科研处老师们的大力支持，还要感谢在多年实地调研中给予我们大力协助的各地林业工作者。

本书的出版得到了湖北省科技厅公益研究项目"湖北重要珍贵用材树种红椿种质资源收集与优树选择（40 2012DBA40001）"、湖北省教育厅指导性项目"湖北红椿种源苗期试验及培育技术研究（B2016555）"、湖北省林业科技支撑重点项目"长江经济带国土绿化提质关键技术研究与示范[（2020）LYKJ18]"和湖北生态工程职业技术学院科研项目"湖北红椿种源试验及丰产栽培研究（2017KY08）"的共同资助，在此深表感谢。

汪 洋

2021年6月

Contents 目录

前 言

- 01 **红椿研究概况** ··· 1
  - 1.1 植物生理研究 ·· 2
  - 1.2 生态学研究 ·· 3
  - 1.3 遗传学研究 ·· 4
    - 1.3.1 表型遗传研究 ·· 4
    - 1.3.2 遗传育种 ·· 4
    - 1.3.3 分子标记技术 ·· 5
  - 1.4 植物营养研究 ·· 5
    - 1.4.1 植物营养与生理 ··· 5
    - 1.4.2 营养施肥 ·· 6
  - 1.5 育苗技术研究 ·· 6
    - 1.5.1 播种育苗 ·· 6
    - 1.5.2 扦插育苗 ·· 6
  - 1.6 造林与营林技术 ··· 7
    - 1.6.1 造林设计 ·· 7
    - 1.6.2 营林研究 ·· 7
  - 1.7 红椿理化药理研究 ·· 8
    - 1.7.1 提取物成分研究 ··· 8
    - 1.7.2 提取物药理研究 ··· 8
  - 1.8 环境与生态修复应用研究 ··· 9
  - 1.9 红椿资源保护研究 ·· 9
  - 1.10 研究展望 ··· 10
- 02 **野外调查与测定** ·· 11
  - 2.1 野外调查 ·· 12
    - 2.1.1 森林与生态调查 ··· 12
    - 2.1.2 遗传材料采集 ·· 12

  2.2 测量鉴定 ·· 14
    2.2.1 植物鉴定 ·· 14
    2.2.2 优树选择性状测定 ·· 14
    2.2.3 表型遗传性状测定 ·· 18
    2.2.4 DNA 提取与 PCR 扩增 ··· 19
    2.2.5 土壤理化指标测定 ·· 21
    2.2.6 环境概况 ·· 23

03 红椿种质资源分布 25
  3.1 自然红椿资源 ·· 26
  3.2 中国红椿种质资源分布 ··· 26
  3.3 湖北红椿种质资源分布 ··· 27

04 红椿天然林直径分布 29
  4.1 研究样地基本情况 ·· 30
  4.2 研究方法 ··· 31
    4.2.1 样地设置与调查 ·· 31
    4.2.2 分析方法 ·· 32
  4.3 直径分布分析 ··· 34
    4.3.1 红椿直径分布特征 ·· 34
    4.3.2 分布拟合与检验 ·· 36
    4.3.3 参数预测模型与检验 ·· 39
    4.3.4 直径分布预测 ·· 40
  4.4 研究结论与讨论 ··· 41

05 红椿生态学研究 43
  5.1 种群动态与格局 ··· 44
    5.1.1 空间代时间划分种群龄级 ··· 44
    5.1.2 研究方法 ·· 45
    5.1.3 动态特征分析 ·· 47
    5.1.4 研究结论与讨论 ·· 56
  5.2 群落 α 多样性与环境因子的关系 ······································· 58
    5.2.1 取样方法与数据处理 ·· 58
    5.2.2 多样性与环境间的关系 ·· 60
    5.2.3 研究结论与讨论 ·· 63
  5.3 红椿群落物种多度分布 ··· 64

  5.3.1 拟合模型选择与检验 ································· 65
  5.3.2 模型拟合与检验 ····································· 67
  5.3.3 研究结论与讨论 ····································· 78

06 红椿天然林优树选择 ··· 83
6.1 选优指标 ··· 84
6.2 鄂西北优树选择 ··· 85
  6.2.1 基准线法 ·· 85
  6.2.2 数据分析与计算 ····································· 85
  6.2.3 生长与形质指标 ····································· 86
  6.2.4 选优结论 ·· 88
6.3 湖北红椿优树选择 ··· 89
  6.3.1 选优方法 ·· 89
  6.3.2 数量与形质指标 ····································· 91
  6.3.3 优树选择方法讨论 ································· 97

07 红椿遗传研究 ··· 99
7.1 小叶表型遗传 ·· 100
  7.1.1 数据统计分析 ······································ 100
  7.1.2 小叶表型变异分析 ······························ 101
  7.1.3 研究结论与讨论 ·································· 108
7.2 种实表型变异 ·· 110
  7.2.1 统计分析方法 ······································ 110
  7.2.2 种实表型变异分析 ······························ 111
  7.2.3 研究结论与讨论 ·································· 117
7.3 地理变异趋势面 ·· 118
  7.3.1 数据处理与分析 ·································· 119
  7.3.2 变异趋势面分析 ·································· 119
  7.3.3 研究结论与讨论 ·································· 127
7.4 基于 SSR 标记的遗传分析 ····························· 128
  7.4.1 试验方法 ·· 128
  7.4.2 数据分析 ·· 129
  7.4.3 遗传多样性分析 ·································· 130
  7.4.4 研究结论与讨论 ·································· 135

08 红椿优良家系选育 ·· 137
8.1 材料与方法 ·· 138
8.1.1 试验地点 ··· 138
8.1.2 实验材料 ··· 138
8.1.3 实验设计 ··· 139
8.1.4 统计分析 ··· 139
8.2 分析与评价 ·· 140
8.2.1 苗期生长分析 ··· 140
8.2.2 无性系遗传分析 ··· 141
9.2.3 无性系选择评价 ··· 142
8.2.4 遗传增益估算 ··· 142
8.3 研究结论与讨论 ·· 143

附录 ··· 145
一、湖北自然概况 ·· 146
二、红椿育苗技术 ·· 151
三、研究区样地主要物种名录 ·· 154

参考文献 ··· 162

CHAPTER 01

红椿研究概况

Germplasm Resources of Toona ciliata Roem.

红椿（*Toona ciliata* Roem.）又名红楝子，楝科（Meliaceae）香椿属（*Toona*），落叶或近常绿高大乔木，树高可达 30 m 以上，胸径也可达 50 cm 以上；干形较好，自然整枝迅速。红椿作为南方地区珍贵的乡土用材树种，因其速生性好、适应性强，是很好的造林树种，在山区造林有很大潜力。由于红椿经济价值高，历代人为肆意采伐利用，过度开发和消耗以及自然环境破坏和天然更新缓慢等原因，导致其数量日益减少，生存范围狭窄、分布零星、难见片林，属于渐危树种，列入《中国主要栽培珍贵树种参考名录》（李培 等，2016）。

红椿的变种毛红椿（*Toona ciliata* var. *pubescens*），为中国特有树种，国家二级重点保护野生植物，也有"中国桃花心木"之称（中国树木志编委会，1981；郑万钧，1983）。红椿和毛红椿适应性强，都是我国热带、亚热带地区的珍贵速生用材树种，在山区造林有很大潜力。毛红椿产江西、湖北、湖南、广东、四川、贵州和云南等地；生于低海拔至中海拔的山地密林或疏林中（中国植物志，1997）。毛红椿在我国分布不广，且呈天然零星分布，与红椿有很相近的生物学特性。

当前湖北森林资源总量有所增加，但是森林资源的整体质量有待提高。特别是湖北用材林树种结构有差异，生长较快的传统树种，如杨树、杉木、水杉、池杉、柳杉、湿地松，或者短轮伐期树种如杨树、马尾松占有比例大，蓄积量高。而红椿等优良乡土树种的开发仍未给予足够的重视，在现有林地比例中占比极小。随着对木材材质材种的需求越来越呈现多样化，市场上对珍贵木材特别是木材的纹理、颜色等品质追求推动的供需矛盾已经逐渐凸显。红椿作为优良的濒危保护用材树种，在湖北区域内拥有零星、濒危的优良种质资源育种群体。针对开发力度和资源信息相对缺乏，资源损失严重、分布不清、无良种选育、无造林规模，为摸清湖北红椿天然分布，发掘优良种质资源，调整湖北现有用材林品种结构，充分发挥红椿良种最大经济效益、生态效益和社会效益，我们对国内外红椿和国内毛红椿相关研究进行了全面查阅，以此梳理红椿和毛红椿相关研究，对深入开展湖北红椿种质资源研究有借鉴意义。

国内外学者在红椿和毛红椿种质资源、植物生理、生态学、遗传育种、植物栽培与造林，以及医药和化学成分、资源保护等方面进行了较为广泛的研究。

1.1　植物生理研究

红椿和毛红椿的生理学研究主要集中在逆境、光合和营养等方面。在抗逆性研究方面，干旱胁迫是研究的主要方向。对 5 个红椿无性系 1 a 生盆栽幼苗在春季 4 月进行不同周期干旱胁迫试验表明，重度胁迫（正常浇水断水17 d）下，红椿无性系幼苗叶片相对含水量最低；不同无性系间相对含水量差异不显著；而幼苗叶片叶绿素含量最高，不同无性系之间幼苗叶片叶绿素含量差异不显著；全周期无性系幼苗叶片叶绿素含量呈逐渐增加的趋势（吴际友 等，2013）。全光照、60%遮阴、80%遮阴和3种土壤水分（高、中和低）处理下，毛红椿幼苗叶片净光合速率、气孔导度、胞间CO_2浓度和叶绿素含量及叶面积等特性研究，揭示了毛红椿苗期夏季全光照和中度遮阴时的光合日进程均呈"双峰"型，中午高光强与高温促成明显的光合"午休"现象；相同的光照条件下，土壤含水量的高低与叶面积的大小呈正比；在遮阴条件下，毛红椿苗木通过增大叶面积、提高叶绿素含量有效地利用较弱的光辐射，形成适应遮阴条件的生态生存对策（张露 等，2006）。

红椿幼苗无性系水分胁迫试验表明，通过无性系幼苗叶绿素、丙二醛（MDA）、脯氨酸（PRO）的含量变化趋势，超氧化物歧化酶（SOD）和过氧化物酶（POD）活性变化趋势，可以筛选抗旱能力较强的无性系（陈彩霞 等，2013）。夏秋扦插成活率、生根率和1 a生苗木的生长量综合优选推广品系（陈彩霞 等，2013），是红椿育种的可行方法。不同的干旱胁迫处理梯度，叶片SOD和POD明显不同：中度胁迫（正常浇水后断水12 d），红椿无性系幼苗叶片SOD含量最高（606.83 U/g），各周期不同无性系幼苗叶片SOD含量没有显著差异；重度胁迫（正常浇水后断水17 d），幼苗叶片POD含量最高，各无性系幼苗叶片POD含量没有显著差异，叶片POD含量随实验周期递减（刘球 等，2013）。

在缺乏微量元素条件下，澳洲红椿（*Toona ciliata* M. Roem. var. *australis*）高生长、径生长和干物质积累会受到不利影响，最直接相关的影响来自硼元素的缺乏。缺硼造成嫩叶枯萎，芽和根形态改变；缺锰叶面上卷，并表现轻微黄化病；缺铜嫩叶出现蓝色点，叶萎蔫；缺锌会导致节间缩短，披针形叶片变小；缺铁导致植物生长缓慢、嫩叶的黄化病（Bruno et al.，2012）。

1.2 生态学研究

生态学分析和解决物种所面临的环境问题，以及植物在不同环境下的适应性。红椿物候期在不同地理纬度差异较大，是对不同环境的适应。红椿为落叶树种，在低纬度地区为近常绿树种，红椿3月下旬发芽展叶，花期6~7月，10月中、下旬果成熟，11月下旬开始落叶，从发芽到落叶历时260 d。红椿幼树耐阴，根际萌蘖性强，林冠下更新良好。在皖南地区，该树种常与薄叶楠、青岗、豹皮樟、枫香、山槐、黄连木、青檀等树种混生

(吴莉莉 等，2006），也常与毛红椿混生。在土层深厚、肥沃、湿润、排水良好的疏林地、林缘或沟谷地带生长最好(黄红兰 等，2010）。

植物居群的规模影响着居群的生活潜力，居群规模小是居群趋向濒危的特征之一(陈小勇，2000）。香椿属植物自然保留居群的规模都很小，基本都是散生，居群更新能力差。通过毛红椿群落主要树种种间联结性，研究人员发现毛红椿群落多物种总体关联性为显著的正相关，但毛红椿与乔木层植物种间联结性不显著，群落处于种间竞争和环境选择与演替中(付方林 等，2007），研究为揭示毛红椿在群落中的竞争能力和物种更新提供了理论依据。

1.3 遗传学研究

植物遗传多样性的研究方法随着生物学，尤其分子生物学的发展，从最初的表型变异到染色体多态性、蛋白质多态性，发展到现在的DNA多态性研究，理论与技术不断得到提高和完善。

1.3.1 表型遗传研究

将现代数码技术运用于红椿苗期选优具有高效快捷的优点。Ferreira等学者运用最佳线性无偏预测法(BLUP)，将传统预测技术和数码图像软件(Image-j)相结合，在处理复杂不稳定数据环境下，多次重复预估红椿遗传参数和遗传值，在遗传育种中具有实用性和快捷高效性(Ferreira *et al.*，2012）。

1.3.2 遗传育种

优树选择是森林良种繁育最有效和可靠的方法之一。优树子代的选优是优质种源遗传性可持续的保证，而种质家系内部半同胞家系间存在较为丰富的变异，遗传改良和良种选育空间和潜力很大。针对不同红椿半同胞家系的研究表明：1 a苗的苗高、地径、冠幅等3个性状均达到极显著的差异，遗传改良效果较为理想(宋鹏 等，2013；文卫华 等，2012）。通过选择育种等方法可筛选出速生优质的红椿家系。湖北恩施的6个红椿半同胞家系在武汉地区的育种试验表明：1 a实生苗木主要生长性状差异均达到了显著水平，验证相似纬度，不同经度的引种适应性(张亚东 等，2013）。

毛红椿苗期试验表明各性状遗传力差异较大，苗高的遗传力相对较高；地径、根干重、茎干重和根茎比4个性状的遗传力为中等；根总长度、根表面积和根体积等3个性质的遗传力相对较低(刘军 等，2008a）,苗高和地径对不同毛红椿种源进行初步选择较理想

(刘军 等，2011）。

1.3.3 分子标记技术

DNA 分子标记技术克服传统分析法周期长和不稳定因素的缺点，快捷准确地对植物进行遗传多样性分析，获取更丰富的遗传信息。基于 SSR 分子标记，毛红椿群体间的遗传分化系数为 0.1854，群体间的基因流（N_m）为 1.0983，毛红椿群体具有较低水平的遗传变异；群体间遗传距离与地理距离显著相关（刘军 等，2009），基因流高于研究报道的多年生植物平均水平，基因分化系数低于平均水平（刘军 等，2008b）；毛红椿边缘居群遗传多样性水平高于核心居群；核心居群的遗传分化程度明显小于边缘居群，居群间遗传距离与地理距离的相关性不显著（刘军 等，2013）。香椿属植物自然保留居群的规模都很小，基本都是散生，居群内幼苗极少，遗传多样性很低，天然植株间的变异小，居群更新能力差，暗示了近交衰退严重（梁瑞龙 等，2011）。分子标记研究表明，人类活动频繁可能导致毛红椿遗传多样性降低（刘军 等，2009）。

1.4 植物营养研究

1.4.1 植物营养与生理

毛红椿喜温暖湿润气候，喜深厚、肥沃、疏松、湿润的山地黄红壤或灰化黄壤，这些土壤具有湿度大、有机质含量较高的特点（萧运峰，1983）。毛红椿也耐贫瘠，但土壤养分不足时，生长缓慢。土壤有机质、全氮含量是影响毛红椿人工林生长的较重要生态因子（宗世贤 等，1988）。

毛红椿幼树期的茎营养元素的积累量明显低于叶，叶积累的养分则以枯落物形式归还给土壤（宗世贤 等，1988；范建华，2007；花焜福，2006）。由于木材中营养元素含量较低，叶积累了大量的营养元素，其枯枝落叶量多、易分解，因此每年归还给土壤的有机质高（黄红兰 等，2011）。通过营养元素的这种循环利用与枯落物归回土壤大量有机质，毛红椿人工林能较好地保持林地生产力及其维持其人工林生态系统的稳定性（宗世贤 等，1988；黄红兰 等，2011；范建华，2007）。

江苏南京地区引种试验表明，4 a 生毛红椿的光能利用率可达 0.6%，可吸收土壤氮素的 73.8%、磷素的 59.0%、钾的 77.2%、钙的 74.1%、镁的 60.2%（宗世贤 等，1988）。马尾松和毛红椿混交林土壤与马尾松纯林比，容重下降了 4.2%；最大持水量、毛管持水量和田间持水量分别增加了 5.0%、3.2% 和 6.7%；总空隙度增加了

6.3%。混交林土壤全氮、全磷、全钾、有效磷、速效钾和有机质含量分别增加了38.9%、23.8%、57.0%、19.5%、13.8%和19.5%,说明马尾松与毛红椿混交有利于增加土壤养分(范建华,2007)。杉木毛红椿混交解决了杉木纯林连栽的地力衰退问题(花焜福,2006)。

1.4.2 营养施肥

通过毛红椿人工林的地力概况、毛红椿速生丰产林的养分需求状况、施肥方法和施肥时期,施肥种类和施肥量,施肥效应,优化营养诊断技术探讨,黄红兰等提出了优化营养诊断技术,专用施肥技术研究,推进中龄林、近熟林施肥研究等建议(黄红兰 等,2011)。采用复合肥作追肥可避免烧苗且方法简单、效果更好(戴慈荣 等,2010)。复合肥450~600 kg/hm²、磷肥375 kg/hm²和焦泥灰7500 kg/hm²作基肥(张汝忠 等,2007)。最后一次追肥时间须在9月10日前完成。

1.5 育苗技术研究

1.5.1 播种育苗

红椿播种时间应在3月中旬,播种时间对红椿种子出苗率存在显著影响(马献良,2005;邹高顺,1994)。育苗密度宜在25~35 株/m²。苗木生长前期宜追施氮肥,后期应施磷钾肥(马献良,2005)。红椿种子在播种前必须经过催芽(马献良,2005),通常采用50%热水浸种12 h,阴干、保温放置7 d,种子发芽率最高达80%,催芽时间越长发芽率越高(马献良,2005)。通过先播种育苗,后移栽至容器,红椿播种平均发芽率达到79.2%以上,移栽平均成活率96.8%,成苗率95.2%(何贵整 等,2012)。容器育苗基质选用质地疏松的泥炭土+黄心土(1∶1)混合基质。

1.5.2 扦插育苗

红椿最适扦插季节在3月。以黄沙为基质扦插能够较大程度提高生根率,成活率平均为80%。穗条母树年龄效益明显,1 a生母树顶梢扦插生根率最高,使用IBA 500 mg/L扦插红椿是最适合处理(周永丽 等,2012)。通过对比研究,枝插苗木生长速度大于根插苗和实生苗,枝插和根插根系发育好于实生苗(周永丽 等,2012)。红椿不同无性系间的生根率有极显著差异,穗条扦插生根率变幅为47.4%~91.5%;穗条带2片叶可显著提高生根率;不同浓度GGR对穗条生根率有显著影响(吴际友 等,2011)。

1.6 造林与营林技术

造林密度和生长外界环境对红椿用材有决定性的影响,也显著影响林分结构及生产力,对林木的干形、材质、林分的稳定性及其防护效能、观赏性等也都有着不同程度的影响(李晓清 等,2013)。

1.6.1 造林设计

红椿适宜在山坡下部、山洼、土壤条件较好、湿度较大的地域进行人工造林(戴其生 等,1997)。造林必须根据经营目的和方向来确定林分密度。只有中径级以上木材,最好是大径材,才能发挥红椿树种的优势和作用。红椿作为大径材培育时密度宜小(李晓清 等,2013)。红椿人造林以全垦整地,穴植造林,穴规格为 50 cm×50 cm×35 cm,秋冬备耕整地,3~5 月造林初植密度 3 m×3 m 或 3 m×4 m 为宜(赵汝玉 等,2005)。红椿造林后 3 a 内,初植密度对林分生长影响不显著;10 a 生红椿人工林间伐后保留密度以 1600 株/hm² 为宜(李晓清 等,2013)。主伐时根据立地条件每亩*保留 30~35 株适宜,其主伐年龄可能在 25~30 a(戴其生 等,1997)。

研究表明,马尾松毛红椿混交林,马尾松胸径、树高、单株材积和总蓄积量均高于马尾松纯林。混交林中马尾松和毛红椿的生长量呈现出马尾松毛红椿混交比例 4∶1>3∶1>2∶1 的规律(范建华,2007)。杉木毛红椿混交,以杉木毛红椿 8∶1 插花混交、4∶1、3∶1 带状混交较为适宜(花焜福,2006),混交林 10 a 生林木胸径、树高、林分蓄积量均比杉木纯林生长更好。

澳大利亚已成功营造包括红椿、相思类、南洋杉、大叶杜英、苦楝、桉树等 20 余个树种的混交林,其红椿人工幼林年平均树高生长 0.55 m,平均单株年材积生长量 $1.01×10^{-3}$ m³,造林成活率 94%,效果显著(赵汝玉 等,2005)。

1.6.2 营林研究

20 a 红椿人工林每亩蓄积量为 15.76 m³,胸径平均年生长量为 15 mm,超过国家规定的速生丰产标准,可视为速生树种之一(戴其生 等,1997)。毛红椿已被列为浙西南首批推广的速生工业用材原料树种(柳新红和王章荣,2006),2008 年浙江省林业科学研究院等提出毛红椿速生用材的丰产栽培模式。

---

* 1 亩≈666.7m²。以下同。

通过树干解析，红椿材积分别与年龄、冠幅 NS 呈显著正相关；材积与胸径、树高、胸径、冠幅 EW、第一死枝下高、第一活枝下高呈极显著正相关；年龄和胸径在一元材积曲线和二元材积曲线拟合均有较高的准确性(龙汉利 等，2011)。红椿胸径平均生长量年均呈上升状态(排除间伐和特殊气候因素)。树高生长主要是前期生长快，而越往后期树高生长量越小。材积生长量呈持续上升趋势，并逐年增大，且连年生长量大于平均生长量(龙汉利 等，2011)。

红椿树高、胸径生长在前 5 a 最快，15 a 后明显减缓；15 a、20 a、25 a 树高的平均生长量以及 20 a 材积连年生长量均随纬度的增加而减小。随海拔增加，红椿形率显著下降，出材量相应降低。因此在培育大径级用材林时，海拔以不超过 800 m 为宜，并且在前 5 a 还要保证幼林有良好的光照条件(龙汉利 等，2011)。

1.7　红椿理化药理研究

1.7.1　提取物成分研究

红椿和毛红椿是尚未被广泛开发利用的药用植物。目前，对红椿和毛红椿化学成分和药理研究取得一定进展。研究人员已经从红椿种子、树皮、枝叶中分离出多种化合物，有些化合物尚属首次在两种树种中获得。利用石油醚和氯仿从红椿枝叶提取物中分离得到 7 个化合物，4 个化合物首次从红椿中提取，其中一项为新的化合物(卢海啸 等，2009)。从毛红椿茎叶的 95% 乙醇提取物中分离得到 23 个化合物，且所有化合物均为首次从毛红椿中分离得到(Liu & Cheng et al.，2011)。

在药理活性研究中，已经获得初步成果。应用多种色谱方法对红椿枝叶进行分离和纯化，并利用核磁共振光谱(NMR)和红外线光谱(IR)等方法解析化合物结构，研究红椿化学成分。刘玉波和成向荣(2011)运用不同色谱手段分离和纯化化合物，再通过光谱学的方法，结合化合物的理化性质鉴定出红椿提取化合物的结构。

1.7.2　提取物药理研究

利用红椿的乙酸乙酯萃取物不同成分，进行菜青虫的拒食活性测试，并对活性较高的部分进行了乙酰胆碱酯酶活性、蛋白酶活性、蛋白质含量等测定。红椿提取物对菜青虫的消化系统蛋白酶活性的影响不是十分明显，即胃毒活性不是很理想，但其神经毒性很好(卢海啸 等，2006)。

红椿 4 种不同萃取物具有调节大鼠微循环、影响血压的药理活性。红椿对动物血压的影响可能是通过调节其微动脉、微静脉和毛细血管的管径、血流速度及血流量,从而改变血液循环外周阻力和血容量来实现的(李家洲 等,2009)。红椿乙醇萃取物对小鼠耐力有降低作用,红椿石油醚萃取部分对小鼠耐力影响最大,应为其对降低小鼠耐力活性部位,而红椿氯仿提取物有明显的提高小鼠记忆能力的作用,为活性最高的部分(卢海啸 等,2008)。

近年来的研究还发现,红椿提取物具有抗菌、抗病毒、灭螺及抗疟等多种生物活性(周荣汉和段金廒,2005)。红椿树皮二氯甲烷提取物具有强烈的细胞毒性,而石油醚提取物与长春新碱对照则有中度的抗癌作用(Rasheduzzaman et al.,2003)。最新试验表明,红椿提取物对人类乳腺癌的细胞株具有抗癌作用:红椿树叶粗提物在500 μg/mL时,对癌细胞抑制力达57%。其分馏物在200 μg/mL时比粗提物更具活性。检测发现红椿乙酸乙酯分馏萃取物在200 μg/mL浓度时对癌细胞抑制力达78%(Sobia et al.,2013),红椿的乙酸乙酯萃取物作为重要的抗癌药物源前景十分广阔。

1.8 环境与生态修复应用研究

澳大利亚学者利用红椿进行树木年代学相关研究,通过红椿年轮年表重构历史气候变化。红椿年轮生长主要与季节性和年降雨量相关,对温度变化不敏感,红椿立地指数与"厄尔-尼诺"(海流)南方振荡相关性很弱(Heinrich,2004)。

重庆地区选用红椿、任豆、紫穗槐等不同耐旱树种,采用不同生长调节剂、不同覆盖造林技术措施,在喀斯特峡谷石漠化地区造林以恢复植被(蒋宣斌 等,2011)。西南地区酸性紫色土、钙质紫色土和冲积土上生长的一年生红椿盆栽实生苗,暴露在不同浓度铅胁迫(0 mg/kg、200 mg/kg、450 mg/kg和2 000 mg/kg)条件下,叶长、叶面积、生物量、各器官铅含量特征和富集程度不同,红椿对铅污染的耐性和转移效率各异。红椿作为耐铅污染的乡土速生用材树种,具有一定的吸收和富集铅的能力,红椿可作为西南地区铅污染土壤生态修复的先锋物种(胡方洁 等,2012)。

1.9 红椿资源保护研究

通过在红椿和毛红椿分布区域野外随机选取样方点,记录样方中红椿和毛红椿的数量、龄组、生态状况,计算红椿和毛红椿在样方内的相对密度$d(d=n/s)$,利用相对密度求得分布总量(沈新华,2010)。通过该物种特性和分布特点,提出了引起红椿和毛红椿濒危的主要因素：种子成苗率低，幼苗期生长缓；居群规模小，近交衰退严重；人为干扰严重，红椿的生境遭破坏（梁瑞龙 等，2011）。相应提出了就地保存为主，辅以迁地保存，加强科研监测工作和宣传保护等措施（梁瑞龙 等，2011；沈新华，2010）。

1.10 研究展望

湖北省内红椿种质资源收集亟待拓展。红椿在湖北分布范围广，但分布零星，居群规模很小，红椿自然资源进一步减小的可能性极大。其原因在于湖北地方香椿的乡土名称就是红椿，老百姓认为其资源丰富，缺乏保护意识。另外，香椿属植物在湖北省较多，红椿又不能食用，且木材用途较广，破坏程度很大。因此，建立种质资源收集圃，进行优树选择，建立优树选择标准，迁地保护，以及开展种质资源研究意义重大。

红椿与毛红椿是珍贵速生用材树种，也是针阔叶混交林进行树种结构调整的首选树种之一。毛红椿已在南方地区针叶阔叶化改造中受到广泛重视（刘军 等，2008a）。红椿是速生用材树种，也是针阔叶混交林进行树种结构调整的首选树种之一。目前，红椿和毛红椿分子遗传研究取得阶段成果（刘军 等，2009），但分子育种领域尚缺乏成熟的技术成果。应该从DNA技术层面对红椿进行研究。应用分子标记技术，对红椿进行遗传多样性分析，排除环境干扰，快捷准确地获得丰富遗传信息，更可靠揭示地理种源变异规律。红椿的分子育种将会极大挖掘优良种质材料，服务于林业生态与林业经济。红椿多倍体育种也是红椿育种可期的新技术。红椿提取物化学和药理研究有着广泛的前景，相关研究需进一步深入。

CHAPTER 02

野外调查与测定

Germplasm Resources of *Toona ciliata* Roem.

红椿在湖北的天然分布区较广,由于资源破坏和红椿自身生物学特性,规模较大的天然居群在湖北境内却很少见。2013—2017 年,在查阅文献的基础上,我们通过咨询红椿在湖北境内可能分布区的市、县林业部门,了解当地的红椿分布和生存情况,并进行了实地走访调查。基本确定湖北红椿种质资源分布状况后,我们在湖北省恩施土家族苗族自治州的来凤县、咸丰县、鹤峰县、宣恩县、恩施市、建始县、巴东县和利川市,十堰市的竹山县,襄樊市的谷城县,咸宁市的崇阳县、通山县,以及黄石市选择样地并设置样方,系统开展种质资源、生态学、林学和遗传学等相关研究领域的调研。

2.1 野外调查

2.1.1 森林与生态调查

香椿属植物都有种群规模小的特点。按不同生境和居群规模,以覆盖全部红椿存活植株为样地取样标准。记录各个红椿居群的地名、权属、起源、群落类型和人为干扰情况;记录样地地形、地貌、海拔、经纬度、坡度、坡向和坡位等环境因子,对生态环境因子做出评价。设置样方的基本面积为 20 m×20 m。根据不同红椿居群地形条件,因地制宜设置 15 m×30 m,10 m×40 m 样方。在各样方内设置 5 m×5 m 样格。对样方内红椿进行每木调查:测定胸径≤2.5 cm 的所有木本植株的种名、地径、高度;记录胸径≥2.5 cm 的所有活立木的种名、胸径、冠幅、枝下高等指标。记录样方内灌、草、藤本情况,包括物种名、株(丛)数、盖度、高度、频度、生长状况和分布状况。根据国家林业局 2003 年颁布的《森林资源规划设计调查主要技术规程》,采用抽样法测定各林分郁闭度。

在已确定的红椿天然居群,选择林木长势良好、没有经过负向选择,且郁闭度≥0.6 的林分,进行天然林红椿优树选择。抽样测量红椿树龄(瑞典 Haglof CO 500)、记录红椿胸径、树高,第一分枝角、平均冠幅以及结实状况。

记录土壤类型、土壤深厚、腐殖质厚度,分别在每一样地四角和中间设 5 个点进行土壤取样,取样深度为 0~30 cm,带回处理并测定土壤物理因子(张万儒 等,1999)和化学指标等。

2.1.2 遗传材料采集

(1)叶片与种实采集

红椿复叶特征较为稳定,其表型差异以及各变种间鉴别主要依据小叶的叶长、叶宽、叶柄长与叶尖角等指标的差异(中国科学院中国植物志编辑委员会,1997)。于 2015 年 11

月，在16个红椿居群中分别选择10株无病虫害且生长正常的成年植株，株间距≥35 m，按东、西、南、北4个方向均匀采集各植株树冠中部的枝条。每株采集20枝复叶，在叶轴右侧中部取1枚小叶，每个居群200枚小叶。

2015年，在果实成熟期采集种实（湖北地区因纬度差异从南到北为11月上旬至12月上旬）。尽量选择朝南方向处于亚优势地位，树冠中部生长正常的，无严重缺陷，无明显病虫害的果实，以避免不同生长环境造成的统计差异。由于红椿结实存在大小年现象，16个天然居群中，仅有8个居群结实良好。不同居群取样的结实单株不等（利川堡上村2株、宣恩金盆村4株、宣恩大卧龙5株、咸丰村木田7株、通山九宫山5株、黄石黄荆山6株、竹山洪坪3株、谷城玛瑙观5株）。在8个居群37个不同单株上采集种实，每个单株上采集60个种实。

（2）DNA材料采集

先后调查并收集湖北省境内14个红椿天然分布居群实验样品。于2016年5月收集湖南、江西、贵州和广西等4个省（自治区）10个红椿天然居群的试验样品。取成年植株上健康且无病虫害的小叶片为供试样品，居群内取样植株间距≥40 m。每个居群取样8份，共收集到192份样品。用大量变色硅胶迅速脱水干燥叶片，低温保存，用于提取DNA。具体采样信息见表2-1。

表2-1　红椿24个采样居群信息

居群	地点	E	N	海拔(m)	居群	地点	E	N	海拔(m)
P1	贵州兴义	105°2′08″	24°58′03″	779	P13	湖北来凤	109°15′57″	29°25′58″	521
P2	湖南常德	111°31′08″	29°18′54″	399	P14	湖北鹤峰	110°12′29″	30°10′12″	559
P3	贵州册亨	105°52′38″	24°52′16″	972	P15	湖北恩施	109°14′51″	30°1′13″	738
P4	广西田林	106°39′8″	24°2′12″	311	P16	湖北宣恩	109°41′59″	30°02′26″	1013
P5	湖南邵阳	111°22′15″	27°22′30″	540	P17	湖北利川	108°33′49″	29°51′22″	521
P6	江西井冈山	114°9′37″	26°39′20″	907	P18	湖北竹山	110°01′59″	31°39′58″	660
P7	贵州贞丰	105°46′17″	25°22′46″	477	P19	湖北谷城	111°15′49″	32°01′36″	402
P8	湖南怀化	110°5′14″	27°31′47″	613	P20	湖北巴东	110°23′44″	30°36′49″	720
P9	贵州安隆	105°26′25″	25°6′23″	1377	P21	湖北崇阳	113°46′25″	29°26′37″	338
P10	贵州油迈	105°59′41″	25°3′19″	695	P22	湖北通山	114°38′39″	29°24′18″	567
P11	湖北咸安	114°19′18″	29°45′42″	356	P23	湖北黄石	115°4′51″	30°11′26″	356
P12	湖北咸丰	109°0′07″	29°47′59″	806	P24	湖北建始	110°05′59″	30°19′26″	541

2.2 测量鉴定

2.2.1 植物鉴定

对全省红椿种质资源调查中采集的标本和拍摄的维管束植物照片进行分科分属，参考《中国植物志》（http：//www.iplant.cn/frps）、《湖北植物志》（傅书遐，2002）、《中国高等植物图鉴》（中国科学院植物研究所，1994），确定植物种名。

2.2.2 优树选择性状测定

根据选优目标，实测各红椿样地林分候选优树的树高、胸径作为优树选择生长指标；将通直度、平均冠幅、枝下高、第一枝粗细、分枝角等作为优树选择的形质指标。计算出候选优树的线性材积和理论材积，并对树龄进行回归或分组。优树选择材料性状见表2-2。

表2-2 湖北红椿优树选择材料性状

编号	候选优树	树龄(a)	胸径(cm)	树高(m)	平均冠幅(m)	通直度	枝下高(m)	枝粗细(cm)	分枝角(°)	线性方程材积(m³)	材积(m³)
1	BD01	20	29.2	21.5	8.00	1.00	15.00	7.50	35	0.8530	0.7199
4	BD02	22	34.1	21.5	7.25	0.67	13.50	8.00	30	1.1715	0.9818
9	BD03	26	38.2	24.5	8.25	1.00	12.50	11.00	40	1.7200	1.4040
11	ES01	19	28.0	18.8	5.20	1.00	8.60	5.00	30	0.5212	0.5788
20	ES02	23	32.0	20.5	6.00	1.00	8.40	6.00	40	0.9410	0.8244
39	ES03	22	32.0	18.5	8.00	0.67	11.00	12.00	60	0.7530	0.7439
47	ES04	31	40.5	19.7	9.50	1.00	6.80	12.50	25	1.4183	1.2689
48	ES05	32	39.0	24.2	10.50	1.00	9.30	16.50	40	1.7438	1.4455
43	ES06	16	26.8	18.5	6.50	1.00	7.00	7.00	55	0.4150	0.5218
45	GC01	19	25.0	18.5	5.50	1.00	6.50	8.60	30	0.2980	0.4541
51	GC02	17	26.0	17.9	5.70	1.00	5.50	14.00	45	0.3066	0.4752
52	GC03	25	39.9	19.5	7.30	1.00	5.50	12.50	30	1.3605	1.2191
54	GC04	17	25.7	17.5	7.50	1.00	10.50	8.50	48	0.2495	0.4539
55	GC05	16	23.5	18.3	5.60	1.00	6.20	10.30	50	0.1817	0.3969
21	GC06	21	31.6	19.2	5.30	1.00	5.50	5.40	45	0.7928	0.7529
13	HF01	23	35.5	19.4	7.60	1.00	8.50	12.00	32	1.0651	0.9601
14	HF02	18	25.0	17.6	7.15	1.00	13.50	9.00	29	0.2134	0.4320

（续）

编号	候选优树	树龄（a）	胸径（cm）	树高（m）	平均冠幅（m）	通直度	枝下高（m）	枝粗细（cm）	分枝角（°）	线性方程材积（m³）	材积（m³）
18	HF03	24	44.3	21.5	8.15	1.00	10.50	8.50	49	1.8345	1.6569
16	HF04	21	34.0	20.2	4.85	1.00	8.50	9.50	35	1.0428	0.9170
33	JS01	23	32.2	19.7	6.45	1.00	5.80	8.50	45	0.8788	0.8021
37	JS02	26	40.1	24.1	7.05	0.67	7.20	9.50	30	1.8059	1.5218
38	JS03	23	37.7	19.5	6.50	1.00	8.10	9.00	42	1.2175	1.0884
40	JS04	31	57.2	26.2	8.10	1.00	15.50	11.20	25	3.1148	3.3663
5	JS05	22	37.0	20.7	6.50	1.00	13.00	8.00	35	1.2848	1.1128
10	JS06	30	57.4	29.5	9.50	1.00	7.50	8.00	45	3.438	3.8169
2	JS07	17	26.5	18.5	7.80	1.00	6.80	16.50	48	0.3955	0.5102
53	LF01	24	35.0	20.1	6.00	1.00	5.50	7.00	20	1.0984	0.9669
56	LF02	26	39.5	21.5	6.40	1.00	9.60	6.00	28	1.5225	1.3173
46	LF03	28	41.2	20.8	6.75	1.00	11.40	7.50	30	1.5672	1.3865
6	WH01	31	52.0	19.2	12.70	0.67	3.60	24.00	30	2.1188	2.0388
30	WH02	31	49.0	19.8	7.30	1.00	6.60	12.00	45	1.9802	1.8669
12	XE03	22	34.7	19.5	6.70	1.00	8.50	8.20	32	1.0225	0.9220
19	XE04	22	36.7	20.8	6.40	1.00	12.50	8.00	29	1.2747	1.1002
3	XE05	16	24.0	18.5	5.10	1.00	7.40	4.20	25	0.233	0.4185
32	XE06	23	34.0	20.5	8.00	1.00	8.50	6.50	35	1.071	0.9306
26	XE07	32	51.6	21.1	9.00	1.00	7.90	13.00	65	2.2714	2.2062
15	XE08	40	61.1	25.3	11.50	1.00	6.10	14.00	80	3.2837	3.7091
22	XE09	18	24.6	18.8	10.20	1.00	8.80	7.00	45	0.3002	0.4468
23	XE10	35	50.5	21	7.20	1.00	6.10	14.00	75	2.1905	2.1031
24	XF01	29	46.0	20.9	7.50	1.00	7.10	5.80	75	1.8886	1.7367
25	XF02	40	56.0	22.7	9.00	1.00	6.80	12.50	35	2.7078	2.7955
41	XF03	37	52.0	23.5	13.00	1.00	9.50	13.00	30	2.523	2.4954
44	XF04	39	55.6	23.3	12.50	0.67	8.00	8.00	45	2.7382	2.8286
7	XF05	25	37.9	21	4.75	1.00	13.50	9.00	26	1.3715	1.1846
8	XF06	39	51.7	23.9	11.00	1.00	17.00	14.00	80	2.5411	2.5086
17	XF07	30	46.0	20.6	6.65	1.00	8.50	18.00	45	1.8604	1.7118
42	XF08	25	32.2	18.9	5.00	0.67	7.00	10.00	70	0.8036	0.7695

(续)

编号	候选优树	树龄(a)	胸径(cm)	树高(m)	平均冠幅(m)	通直度	枝下高(m)	枝粗细(cm)	分枝角(°)	线性方程材积(m^3)	材积(m^3)
34	XF09	40	57.7	23.5	11.00	1.00	8.50	12.00	40	2.8935	3.0724
31	ZS01	16	26.0	18.2	7.50	1.00	4.70	6.00	30	0.3348	0.4831
28	ZS02	23	32.5	20.4	7.10	1.00	5.40	6.00	45	0.9641	0.8462
29	ZS03	16	26.0	18.1	6.00	1.00	8.00	6.00	28	0.3254	0.4805
27	ZS04	16	25.3	17.9	6.00	1.00	6.50	6.10	30	0.2611	0.4499

注：BD-巴东，ES-恩施，GC-谷城，HF-鹤峰，JS-建始，LF-来凤，WH-武汉，XE-宣恩，XF-咸丰，ZS-竹山。以下同。

对优树选择调查数据进行转换分析，采用多目标决策一维比较法，对候选优树形质指标进行标准化处理，建立形质评分标准（见表2-3）。

表2-3 湖北全省优树标准化形质评价

编号	候选优树	冠高比	冠幅	枝下高	干形	枝粗细	分枝角	形值评分
1	BD01	0.892	0.632	0.962	1.000	0.850	0.775	0.827
4	ES01	0.519	0.717	0.478	1.000	0.827	0.850	0.679
9	ES06	0.396	0.604	0.357	1.000	0.691	0.700	0.584
11	HF02	1.000	0.949	0.849	1.000	0.964	0.850	0.983
20	JS07	0.380	0.858	0.342	1.000	0.918	0.700	0.660
39	XE05	0.430	0.632	0.387	1.000	0.645	0.400	0.609
47	ZS03	0.495	0.462	0.433	1.000	0.623	0.925	0.583
48	ZS04	0.373	0.349	0.319	1.000	0.441	0.700	0.488
43	XE09	0.536	0.802	0.493	1.000	0.873	0.475	0.715
45	ZS01	0.210	0.915	0.183	1.000	0.800	0.850	0.598
51	GC01	0.354	0.892	0.319	1.000	0.555	0.625	0.659
52	GC02	0.286	0.711	0.244	1.000	0.623	0.850	0.567
54	GC04	0.741	0.689	0.622	1.000	0.805	0.580	0.775
55	GC05	0.335	0.904	0.297	1.000	0.723	0.550	0.654
21	LF01	0.234	0.938	0.244	1.000	0.945	0.625	0.617
13	HF04	0.462	0.677	0.471	1.000	0.645	0.820	0.639
14	JS01	0.266	0.728	0.266	1.000	0.782	0.865	0.563
18	JS05	0.784	0.615	0.811	1.000	0.805	0.565	0.771

（续）

编号	候选优树	冠高比	冠幅	枝下高	干形	枝粗细	分枝角	形值评分
16	JS03	0.454	0.989	0.440	1.000	0.759	0.775	0.738
33	XF08	0.384	0.808	0.357	0.109	0.805	0.625	0.470
37	XE03	0.486	0.740	0.471	1.000	0.759	0.850	0.671
38	XE04	0.742	0.802	0.773	1.000	0.782	0.670	0.813
40	XE06	0.453	0.621	0.471	1.000	0.682	0.925	0.616
5	ES02	0.445	0.802	0.463	1.000	0.827	0.775	0.672
10	HF01	0.489	0.462	0.471	1.000	0.827	0.625	0.581
2	BD02	0.784	0.655	0.849	0.109	0.441	0.580	0.609
53	GC03	0.247	0.858	0.244	1.000	0.873	1.000	0.597
56	GC06	0.254	0.813	0.244	1.000	0.918	0.880	0.586
46	ZS02	0.220	0.774	0.236	1.000	0.850	0.850	0.557
6	ES03	0.732	0.100	0.660	0.109	0.100	0.850	0.401
30	XF05	0.807	0.711	0.849	1.000	0.645	0.625	0.813
12	HF03	0.567	0.779	0.622	1.000	0.818	0.820	0.722
19	JS06	0.204	0.813	0.395	1.000	0.827	0.865	0.562
3	BD03	0.601	0.960	0.773	1.000	1.000	0.925	0.798
32	XF07	0.450	0.632	0.471	1.000	0.895	0.775	0.618
26	XF01	0.336	0.519	0.365	1.000	0.600	0.325	0.527
15	JS02	0.273	0.236	0.372	0.109	0.555	0.100	0.229
22	LF02	0.502	0.383	0.554	1.000	0.873	0.625	0.561
23	LF03	0.660	0.723	0.690	1.000	0.555	0.175	0.748
24	WH01	0.100	0.689	0.100	0.109	0.927	0.175	0.296
25	WH02	0.326	0.519	0.327	1.000	0.623	0.775	0.522
41	XE07	0.390	0.066	0.425	1.000	0.600	0.850	0.403
44	XE10	0.260	0.123	0.289	1.000	0.827	0.625	0.360
7	ES04	0.345	1.000	0.342	1.000	0.782	0.910	0.690
8	ES05	0.406	0.292	0.531	1.000	0.555	0.100	0.485
17	JS04	0.728	0.785	1.000	1.000	0.373	0.625	0.800
42	XE08	0.183	0.972	0.289	1.000	0.736	0.250	0.605
34	XF09	0.371	0.292	0.471	1.000	0.645	0.700	0.469
31	XF06	0.913	0.689	1.113	1.000	0.918	0.850	0.856

(续)

编号	候选优树	冠高比	冠幅	枝下高	干形	枝粗细	分枝角	形值评分
28	XF03	0.437	0.734	0.546	1.000	0.918	0.625	0.646
29	XF04	0.342	0.858	0.433	0.109	0.918	0.880	0.467
27	XF02	0.274	0.858	0.342	1.000	0.914	0.850	0.610

2.2.3 表型遗传性状测定

（1）叶表型性状

用电子游标卡尺（精度0.01 mm）测量小叶柄长、小叶长（含小叶柄）、小叶宽、宽基距（小叶最宽处距小叶基的距离）和脉左宽（小叶最宽处左缘到中脉的距离），用量角器（精度0.1°）测量小叶尖角（小叶尖与叶片边缘的夹角）（贾春红 等，2015；尚帅斌 等，2015），并计算小叶长小叶宽比、小叶柄长小叶长比、脉左宽小叶宽比和宽基距小叶长比（何承忠 等，2009）（如图2-1）。

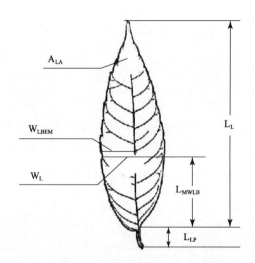

A_{LA}：小叶尖角，L_L：小叶长，L_{LP}：小叶柄长，W_L：小叶宽，L_{MWLB}：宽基距，W_{LBEM}：脉左宽

图2-1　红椿小叶表型性状示意图

（2）种实表型性状

选择相对稳定、易于获得和测量的表型性状，如果实质量、果实纵径、果实横径、种子质量、种子纵径和种子横径等。采集的果实经自然风干后，按百粒四分法标准，每单株随机抽取30个果实，用电子游标卡尺（精度0.01 mm）测量每个果实的纵径和横径，并用

1/1000 电子天平分别称取每个果实的质量(精度为 0.01 g)，重复 5 次。果实性状测后，剥离果壳，按照同样方法分别测定种子纵径、种子横径、种子厚度、单粒种子质量，重复 5 次。种实测量指标包括果纵径、果横径、单果质量、单果种子数、单种质量、种纵径、种横径、种厚度等，并计算果形指数(果纵径/果横径)、果大小指数(果纵径×果横径)、种形指数(种纵径/种横径)、种大小指数(种纵径×种横径)(刁松锋 等，2014)。

2.2.4　DNA 提取与 PCR 扩增

2.2.4.1　DNA 提取

湖南、江西、贵州和广西供测材料来自贵州红椿种质资源收集圃。湖北每个居群选择 20 株家系，其他省份 10 株。基因组 DNA 提取编号见表 2-4。

表 2-4　用于遗传多样性研究的试验材料及来源

居群	编号	居群	编号
贵州新义 1 号	HMC1	湖北来凤	HMC40
贵州新义 31 号	HMC2	湖北咸丰	HMC41
贵州新义 35 号	HMC3	湖北鹤峰	HMC42
贵州新义 39 号	HMC4	湖北恩施	HMC43
贵州新义 x1 号	HMC5	湖北宣恩金盆村	HMC44
贵州新义 x17 号	HMC6	湖北利川	HMC46
贵州册亨 3 号	HMC11	湖北宣恩大湾龙	HMC47
贵州册亨 25 号	HMC12	湖北宣恩肖家湾	HMC48
贵州贞丰 19 号	HMC29	湖北宣恩夏家滩	HMC49
贵州安龙 2 号	HMC31	湖北竹山	HMC50
贵州安龙 x2 号	HMC32	湖北谷城 2 号	HMC51
贵州安龙 12 号	HMC33	湖北谷城 3 号	HMC52
贵州油迈 6 号	HMC34	湖北巴东	HMC53
贵州油迈 9 号	HMC35	湖北崇阳	HMC54
贵州油迈 15 号	HMC36	湖北通山	HMC55
湖南常德 6 号	HMC7	湖北黄石	HMC56
湖南常德 7 号	HMC8	湖北建始	HMC57

(续)

居群	编号	居群	编号
田林 8 号	HMC13	湖南常德 8 号	HMC9
田林 10 号	HMC14	湖南常德 9 号	HMC10
田林 11 号	HMC15	湖南邵阳 1 号	HMC18
田林 15 号	HMC16	湖南邵阳 4 号	HMC19
井冈山 3 号	HMC22	湖南邵阳 6 号	HMC20
井冈山 4 号	HMC23	湖南邵阳 16 号	HMC21
井冈山 13 号	HMC25	湖南怀化 1 号	HMC30
井冈山 19 号	HMC27	贵州田林 16 号	HMC17
井冈山 29 号	HMC28	井冈山 6 号	HMC24
湖北星斗山	HMC38	井冈山 17 号	HMC26
湖北咸丰尖山	HMC39	湖北宣恩康家湾	HMC45

采用 CTAB 法提取红椿叶片基因组 DNA。1.0%琼脂糖凝胶电泳检测纯度和质量，紫外分光光度计检测 DNA 浓度。

2.2.4.2 SSR-PCR 扩增

一般认为，SSR 引物在同科或更近物种间具有适用性引物可成功在物种间扩增且有相当高的多态性(陈怀琼 等，2009)。属间也可以共用 SSR 引物，但相对比较困难(王丽和赵桂仿，2005)。因此在利用种间转移扩增寻找微卫星位点时，SSR 引物应尽量来自同属植物或密切相关的属间植物。因此，基于已经发表的相关文献(湛欣 等，2016；刘军 等，2013)，采用 19 μL PCR 分子标记扩增的反应体系，优化后具体配比为：12.1 μL dd H_2O、2 μL 模板 DNA、0.1 μL Taq 酶、2.0 μL 10×PCR Buffer、1.8 μL $MgCl_2$(25 mmol/L)和 1.0 μL 引物混合液(10 μmol)。挑选出多态性较好的 29 对引物。SSR-PCR 反应在 BIO-RAD PTC-200 PCR 仪(美国伯乐公司)上进行。

PCR 程序为：94℃ 预变性 5 min；94℃ 变性 45 s，55℃ 退火 45 s，共 30 个循环，72℃ 延伸 45 s；最后 72℃ 延伸 10 min；在 4℃ 保温 5 min。PCR 结束后扩增产物保存在 4℃ 冰箱内备用。共筛选出了 7 对扩增稳定、重复性较好的引物对样品进行 SSR 分析(见表 2-5)。

表 2-5 红椿 SSR 分子标记引物序列

引物	引物组合序列	
S5	F：GTGGCGTAACAGACCAAAAC	R：CCAGAGATACTCCATTCCAG
S11	F：AGTAATAGCCTGTAGAGCAG	R：GAAGAAGGGTGAGCGAGA
S22	F：GAAACCAGCAGGCAGAGC	R：ACCGCATTAGTACCAGTAG
T02	F：TAGGAAAGGCAAGGTGGG	R：GGGTGGTCGATGAGGGTT
T05	F：AGTAATAGCCTGTAGAGCAG	R：AGAGTGGGGTGGTCGATGAG
T07	F：ATGGATGAGTGTGCGATAGG	R：TGTGATGTAGGAGTCTGAAC
S422	F：ATGGATGAGTGTGCGATAGG	R：TGTGATGTAGGAGTCTGAAC

2.2.5 土壤理化指标测定

2.2.5.1 土壤物理指标测定

采用 100 cm³ 不锈钢环刀取原状土样，每土壤剖面 3 次重复取样带回室内，按国家颁布的标准测定并计算其物理指标。

土壤密度＝环刀内烘干土质量/环刀容积（g/cm³）；

土壤毛管孔隙度＝环刀内土壤含水质量/环刀容积×100（%）；

土壤非毛管孔隙度＝土壤总孔隙度－土壤毛管孔隙度（%）；

土壤总毛管孔隙度＝土壤非毛管孔隙度＋土壤毛管孔隙度（%）；

土壤通气度＝总孔隙度－容积湿度（%）；

容积湿度＝质量湿度×土壤密度（%）；

质量湿度＝[湿样土质量－环刀内烘干土质量/环刀内烘干土质量]×100%（黄承标 等，2010）。

土壤物理指标见表 2-6。

表 2-6 湖北红椿居群土壤（0~30 cm）物理指标

样地	样土（g/100 mL）	2小时质量（g）	12小时质量（g）	烘干质量（g）	容重（g/cm³）	毛管孔隙度（%）	非毛管孔隙度（%）	总孔隙度（%）	土壤含水量（%）
宣恩金盆村	128.51	122.41	118.09	115.12	1.1512	43.393	12.57	55.963	11.631
恩施马鹿河	123.95	118.48	115.43	112.89	1.1289	46.062	10.637	56.699	9.797
竹山洪坪	129.33	122.53	119.40	116.70	1.1670	42.627	12.815	55.442	10.823

（续）

样地	样土（g/100 mL）	2小时质量（g）	12小时质量（g）	烘干质量（g）	容重（g/cm³）	毛管孔隙度（%）	非毛管孔隙度（%）	总孔隙度（%）	土壤含水量（%）
咸丰村木田	131.83	126.01	121.46	119.34	1.1934	44.487	10.084	54.571	10.466
咸丰横石梁	128.68	123.37	119.70	116.82	1.1682	41.857	13.545	55.402	10.152
鹤峰2号	130.30	125.32	121.7	119.15	1.1915	46.149	8.484	54.633	9.358
鹤峰1号	127.50	122.32	117.71	115.32	1.1532	46.181	9.716	55.897	10.562
谷城T1	133.21	126.92	122.29	119.54	1.1954	41.669	12.836	54.505	11.436
谷城T2	133.67	127.55	124.01	120.87	1.2087	41.744	12.322	54.066	10.599
建始青龙河	128.2	122.59	121.13	116.66	1.1666	41.544	13.911	55.455	9.892
利川星斗山	129.11	125.24	120.56	117.96	1.1796	46.152	8.874	55.026	9.452
巴东野三关	135.79	129.08	127.81	125.2	1.252	41.588	11.049	52.637	8.458
崇阳沙坪	136.81	131.11	126.61	123.08	1.2308	37.734	15.603	53.337	11.155
生态学院	136.46	131.43	130.52	128.07	1.2807	42.38	9.31	51.69	6.551
$\bar{x}$	130.954	125.311	121.887	119.051	1.191	43.112	11.554	54.666	10.024
S	3.797	3.683	4.148	4.149	0.041	2.458	2.131	1.369	1.321
Cv（%）	2.9	2.939	3.403	3.485	3.485	5.702	18.446	2.504	13.177

注：2小时质量和12小时质量表示土壤取样后，放置2 h和12 h时称重。

2.2.5.2 土壤化学指标测定

土壤化学指标测定方法、使用仪器等标准见表2-7。土壤化学指标检测结果见表2-8。

表2-7 土壤化学指标检测方法、使用仪器及检出限表

项次	检测类别	项目名称	检测方法	使用仪器	最低检出限
1	土壤、底泥和固体废弃物	pH	土壤pH的测定 NT/T1377-2007	pH计	—
2		有机质	土壤检测第6部分：土壤有机质的测定 NY/T 1121.6-2006	滴定管	1.0 g/kg
3		全氮	森林土壤氮的测定 LY/T1228-2015	滴定管	0.05 g/kg
4		速效磷	森林土壤磷的测定 LY/T1232-2015	可见分光光度计	2.5 mg/kg
5		有效钾	森林土壤钾的测定 LY/T1234-2015	原子吸收分光光度计	5 mg/kg

土壤检测单位：深圳市中圳检测技术有限公司　　报告编号：20160727HJ005

表 2-8 湖北红椿居群样地土壤化学指标

样品来源	pH	有机质(g/kg)	全氮(g/kg)	速效磷(mg/kg)	有效钾(mg/kg)
利川堡上村	6.46	23.8	0.79	28.8	220
咸丰横石梁	5.75	36.8	0.94	32.3	323
恩施盛家坝	6.51	73.1	1.96	<2.5	89
来凤三赛坪	6.79	10.3	0.51	18.4	232
宣恩金盆村	8.06	12.7	0.39	<2.5	125
宣恩肖家湾	5.53	15.7	0.62	5.9	193
宣恩大卧龙	6.71	33.1	1.19	7.3	148
宣恩红旗坪	5.05	9.2	0.55	<2.5	232
建始青龙河	7.25	42.2	0.90	17.9	206
鹤峰彭家湾	7.31	30.0	1.42	7.7	206
巴东野三关	5.58	97.8	1.65	241	64
崇阳庙圃	4.54	34.3	0.77	<2.5	62
通山九宫山	4.96	27.2	0.65	<2.5	73
黄石黄荆山	6.45	41.7	1.15	8.3	211
竹山洪坪	6.50	72.5	1.98	10.9	260
谷城玛瑙观	6.32	59.9	2.17	4.5	155

2.2.6 环境概况

查询中国天气网和地方气象站相关信息,从联合国粮农组织地理气候数据库New_Locclim-1.10(http://www.fao.org/nr/climpag/pub/)收集研究位点的生物气候数据,所有的气候指标数据图层在ArcGIS 10.4软件平台下,利用Spatial Analyst Tools中的Extraction工具,根据样点的经纬度坐标提取信息,将所有数据提取后整理保存。土壤类型查阅地方林业部门资料、湖北省土种志(湖北省土壤肥料工作站、湖北省土壤普查办公室,2015)和中国土系志湖北卷(王天巍,2017)。湖北红椿天然居群的环境概况见表2-9。

表 2-9 湖北红椿天然居群环境概况

居群	纬度	经度	海拔(m)	年均温(℃)	年均降水量(mm)	无霜期(d)	年日照时数(h)	空气相对湿度(%)	土壤类型
利川堡上村	N29°51′	E108°33′	440	16.7	1450	247	1409	81	黄壤
咸丰横石梁	N29°57′	E109°05′	635	14.9	1472	255	1299	83	山地黄壤

（续）

居群	纬度	经度	海拔（m）	年均温（℃）	年均降水量（mm）	无霜期（d）	年日照时数（h）	空气相对湿度（%）	土壤类型
恩施马鹿河	N30°01′	E109°14′	772	16.4	1700	265	1350	83	黄壤
来凤三寨坪	N29°26′	E109°16′	526	15.9	1394	256	1300	81	黄壤
宣恩金盆村	N29°50′	E109°41′	700	15.8	1491	294	1136	80	黄壤
宣恩肖家湾	N30°02′	E109°42′	1074	13.7	1635	263	1212	80	黄壤
宣恩大卧龙	N30°05′	E109°43′	744	15.8	1491	294	1136	80	黄壤
宣恩红旗坪	N29°39′	E109°36′	599	15.8	1491	294	1136	80	黄壤
建始青龙河	N30°19′	E110°06′	541	16.0	1516	260	1500	81	黄壤
鹤峰彭家湾	N30°10′	E110°12′	620	15.5	1734	270	1342	82	黄壤
巴东野三关	N30°36′	E110°23′	720	13.1	1270	234	1370	82	黄棕壤
崇阳庙圃	N29°26′	E113°46′	341	17.0	1313	259	1669	80	红壤
通山九宫山	N29°25′	E114°29′	497	14.4	1485	218	1600	82	山地黄红壤
黄石黄荆山	N30°11′	E115°05′	358	17.0	1383	264	1699	77	红壤
竹山洪坪	N31°40′	E110°02′	663	12.9	>1000	219	1650	73	山地黄棕壤
谷城玛瑙观	N32°01′	E111°15′	314	13.1	962	234	1894	78	黄棕壤

CHAPTER 03

红椿种质资源分布

Germplasm Resources of Toona ciliata Roem.

3.1 自然红椿资源

红椿干形通直，树姿挺秀，落叶或半常绿大乔木，强阳性树种。红椿是我国热带、亚热带地区的珍贵速生用材树种，木材为上等家具用材，素有"中国桃花心木"之称（中国树木志编委会，1981；郑万钧，1983），国家二级重点保护野生植物。红椿天然分布范围包括中国、印度、缅甸、老挝、巴基斯坦、泰国、马来西亚、印度尼西亚等国。澳大利亚昆士兰和新南威尔士州有分布。

3.2 中国红椿种质资源分布

物种的地理分布格局是物种重要的空间特征，对研究物种的起源、散布及演化有着重要意义。针对濒危植物，摸清其目前分布集中区及边缘区，对其遗传育种研究抑或保护生物学都有重要意义（Bell，2001；Nee，2002）。

红椿通常多生于海拔 300~800 m 低山缓坡谷地的阔叶林中。在云南分布较高，多见于海拔 1300~1800 m 的中山地带。垂直分布于海拔 300~2260 m，而以海拔 1300~1800 m 的亚热带地区较多。广东、广西的垂直分布范围在海拔 800 m 以下。自 2013 年以来，红椿科研团队大量查阅相关文献及网上标本馆信息，并与其他省份从事红椿相关研究的科研院所和大专院校进行了广泛交流，结合广西、贵州、云南等主要分布区实地考察结果，初步推导出红椿在中国的分布北缘为巴中南江，地理坐标：106°93′E，32°42′N，海拔620 m（龙汉利 等，2011）；最东分布位于浙江仙居，地理坐标：119°92′E，28°45′N，海拔 600 m（李培 等，2016）；最西分布位于云南高黎贡山自然保护区，地理坐标：98°08′E（http：//www.05935.com/bk/321120）；最南分布位于海南吊罗山自然保护区，18°58′N（黄康有 等，2007）。通过查阅台湾植物咨询整合系统，中国台湾地区无红椿分布记录，仅有的楝科香椿属植物为香椿[*Toona sinensis*（Juss.）M. Roem.]。

根据研究结果，我们绘制了中国红椿可行性地理分布图（图 3-1）。分布范围为：98°08′~119°92′E，18°58′~32°42′N。

图 3-1 中国红椿种质资源分布图

3.3 湖北红椿种质资源分布

湖北省位于 108°21′42″E～116°07′50″E，29°01′53″N～33°16′47″N，地跨中国地貌第二级阶梯（云贵高原、黄土高原、内蒙古高原）与第三级阶梯（东部丘陵平原）的过渡地带，整个地势呈西高东低状，地貌形态从北向南包括了秦岭、大巴山地、长江中下游平原与江南低山丘陵等 3 条不同地貌带，地貌形态多种多样。古老的地质历史，多样的地貌、气候和土壤条件，形成了复杂多样的生境，使其成为我国资源植物的宝库之一（方元平 等，2007）。

2014 年，我们在湖北省谷城县（111°24′E，32°10′N）发现了天然红椿种群，数量在百棵以上，保存状态完好，拓宽了红椿在湖北地理纬度分布范围的认知。总结调研结果，我们认为：红椿在湖北省的水平分布经度区间约为 108°33′E～115°4′E，即从利川市团堡乡到黄石市黄荆山；纬度区间约为 29°24′N～32°10′N。即经度跨越约为 700 km 以上，纬度跨越 350 km 左右。气候带从典型的中亚热带到北亚热带南缘。现探明湖北境内红椿居群最低海拔为 179 m，位于宜昌市远安县；最高海拔为 1013 m，位于宣恩县长潭河。湖北红椿分布区所处群落类型有常绿阔叶林、常绿落叶阔叶林。湖北境内所有考察居群内，红椿

红椿种质资源
Germplasm Resources of *Toona ciliata* Roem.

均为群落优势种或建群种,通常能形成以自身为优势种的森林群落。如星斗山保护区的横石梁群落、盛家坝群落,宣恩县七姊妹山保护区的肖家湾群落,竹山堵河源保护区的洪坪群落,谷城紫金南河保护区的玛瑙观群落,鹤峰木林子保护区群落。保护区的建立为珍稀植物提供了庇护所,为珍稀植物原生群落保护提供了保障。湖北红椿种质资源分布见图3-2。

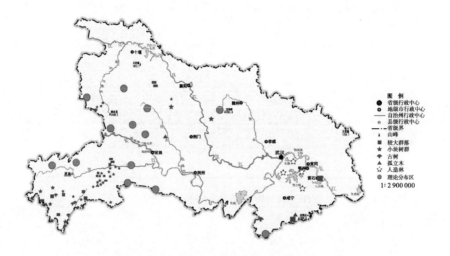

图3-2 湖北红椿种质资源分布图

CHAPTER 04

红椿天然林直径分布

Germplasm Resources of Toona ciliata Roem.

林分结构是森林生态系统的基本特征,是森林不同自然生态过程以及人为干扰的结果。天然林林分内部的许多特征因子,如直径、树高、形数、材积和树冠等,都具有一定的分布状态,而且表现出较稳定的结构规律性,是决定森林能否充分发挥其功能的前提(惠刚盈 等,2007)。林分直径结构反映了林木在各径级的株数分布,对林木的树高、树干干形、材质与出材率、枝下高和冠幅大小等因子有显著的影响(Obiang et al.,2014)。研究林分直径分布有助于诊断森林结构是否稳定,并解释特定林分的独特生长模式,评价林分效益与功能,辅助编制各种林分生长过程表和林分出材量表,以便制定合理的经营方案和有效的森林经营措施。

作为研究林分直径结构的重要方式,林分直径分布函数研究历来受到国内外学者的关注。利用不同概率分布函数,如 Gamma 分布、Logistic 分布、Normal 分布、Lognormal 分布和 Weibull 分布拟合林木直径分布是较常见的方法。由于林分直径分布可以综合反映林分发展过程如更新方式、竞争、自稀疏和经历的干扰活动(雷相东和唐守正,2002),对于生长发育过程中因某一年龄阶段受到环境筛的过滤而导致濒危的"关键阶段"型濒危植物(张文辉,1998),是否可以通过直径分布研究,揭示造成其生态幅狭窄的关键因子,从而制定物种保护策略,是具有一定科学意义的。

红椿是国家二级重点保护植物,具有重要的经济价值和生态价值。人为过度开发以及天然更新较慢,导致其数量不断减少(汪洋 等,2019)。目前,红椿研究主要涉及植物生理、生长特性、造林、生态学、优树选择和遗传研究(李培 等,2016)。本研究以湖北红椿近成熟天然次生林为研究对象,选用 5 个生长模型对红椿直径结构进行模拟分析和检验,选出最优模型,并利用最优模型的参数进一步构建预测模型,以期在生产实践中快速准确预测红椿天然林分直径分布规律,了解林分结构特征,合理调节林木直径结构,使林分中小径级红椿获得足够环境资源,促进林下小径级红椿林木的正常生长和林下更新,为红椿资源保护和发挥群落生态功能提供依据。

4.1 研究样地基本情况

研究样地主要分布在鄂西南、鄂西北山区和鄂东南山区或丘陵。红椿分布区森林资源丰富,主要植被类型为常绿阔叶林、常绿落叶阔叶混交林或针阔混交林。红椿地理信息与立地条件见表 4-1。

表 4-1 红椿样地地理信息与立地条件

样地	E	N	平均海拔(m)	坡度(°)	坡位	坡向	土壤类型	郁闭度
咸丰1	109°05′	29°57′	635	35	下	西北	山地黄壤	0.55
咸丰2	109°05′	29°57′	719	31	下	西南	山地黄壤	0.77
恩施	109°14′	30°01′	772	28	上	西南	黄壤	0.85
宣恩	109°41′	30°02′	1 074	25	中上	东南	黄壤	0.45
建始	110°06′	30°19′	541	28	中上	东北	黄壤	0.65
巴东	110°23′	30°36′	700	31	中	东北	黄棕壤	0.60
通山	114°29′	29°25′	540	32	中下	东南	山地黄红壤	0.75
黄石	115°05′	30°11′	350	31	中下	西北	红壤	0.80
竹山	110°02′	31°40′	663	21	下	东南	山地黄棕壤	0.65
谷城	111°15′	32°01′	394	35	中上	西北	黄棕壤	0.65
建始t	110°05′	30°19′	457	21	下	东北	黄壤	0.75
通山t	114°29′	29°25′	523	26	中下	东南	山地黄红壤	0.75
黄石t	115°05′	30°11′	344	10	下	西南	红壤	0.80
竹山t	110°03′	31°41′	824	35	中上	西南	山地黄棕壤	0.85
谷城t	111°15′	32°01′	298	22	中下	西北	黄棕壤	0.70

t：该样地数据用于对预测模型的检验。以下同。

4.2 研究方法

4.2.1 样地设置与调查

2017年对湖北红椿天然次生林进行调查。选取人为干扰程度相对较轻，具有代表性的10个红椿近成熟天然次生林。每个样地设置20 m×20 m标准样方。共设置15个样方，其中10个样方用于直径分布研究，5个样方(建始、通山、黄石、竹山、谷城各一个)用于检验预测分布模型(见表4-1)。对样方内乔木进行每木检尺，林木起测直径(DBH)为2 cm。分别测定林木直径、树高和枝下高，并记录林下主要灌木和草本(见表4-2)。

表 4-2 红椿样方群丛组成与林分密度

样地	样地面积(m²)	群丛	平均林分密度(株/hm²)
咸丰1	400	红椿+枫杨-苎麻-过路黄	1378
咸丰2	400	红椿-湖北木姜子+棠叶悬钩子+楼梯草	1100
恩施	400	红椿-香叶子-楼梯草	1400
宣恩	400	红椿-水麻-凹叶景天+卵心叶虎耳草	1025
建始	400	红椿-湖北杜茎山-光叶菝葜	950
巴东	400	红椿-竹叶花椒-冷水花	1050
通山	400	红椿-紫麻-楼梯草	1275
黄石	400	红椿+黑壳楠-小果蔷薇-唐松草	1125
竹山	400	红椿-水竹-芒	1675
谷城	400	红椿-黄栌-大叶冷水花	1200
建始 t	400	红椿+梾木-山麻杆-五月艾	1350
通山 t	400	红椿-细齿叶枔-楼梯草	1425
黄石 t	400	红椿+构树-胡颓子-金线草	1550
竹山 t	400	红椿-异叶梁王茶-大叶冷水花	850
谷城 t	475	红椿-黄栌-大叶冷水花	2042

4.2.2 分析方法

4.2.2.1 峰度和偏度

直径分布的形状可以用偏度 SK 与峰度 KT 来评价。SK 表示非对称的偏斜方向与偏斜程度，$SK>0$ 表示正偏差数值较大，即均值在峰值的左边，为左偏；$SK<0$ 表示负偏差数值较大，即均值在峰值的右边，为右偏。SK 的绝对值越大则表明偏斜程度愈大。峰度 KT 表示分布曲线的尖峭或平坦程度，$KT>0$ 表示尖峭；$KT<0$ 表示曲线较正态分布平坦。

偏度和峰度的计算公式为：

$$SK = \frac{n}{(n-1)(n-2)} \sum_{i=1}^{n} \left(\frac{x_i - \bar{x}}{SD} \right)^3 \qquad (4-1)$$

$$KT = \left\{ \frac{n}{(n-1)(n-2)(n-3)} \sum_{i=1}^{n} \left(\frac{x_i - \bar{x}}{SD} \right)^4 \right\} - \frac{3(n-1)^2}{(n-2)(n-3)} \quad (4-2)$$

式(4-1)(4-2)中：n 为林木株数；x_i 为每木直径；$\bar{x}$ 为算术平均直径；SD 为标准差。

变异系数 CV 是直径标准差与算术平均直径的比值，其值越大，表明直径分布范围越大。计算公式为：

$$CV = \frac{SD}{\bar{x}} \quad (4-3)$$

式(4-3)中：SD 为标准差；$\bar{x}$ 为算术平均直径。

4.2.2.2 林分直径分布选择模型

利用 Gamma 分布、Logistic 分布、Normal 分布、Lognormal 分布、Weibull 分布分别拟合10个红椿天然次生林林木直径分布。

（1）Gamma 分布概率密度函数

$$f(x) = \frac{bc}{\Gamma(c)} \exp(-bx)(x)c - 1 \quad b>0; \; c>0 \quad (4-4)$$

式(4-4)中：b 为尺度参数，c 为形状参数。

（2）Logistic 分布概率密度函数

$$f(x) = \frac{1}{1 + e^{\left[\frac{-(x-a)}{b}\right]}} \quad (4-5)$$

式(4-5)中：$f(x)$ 为各径阶株数的累计频率；x 为径阶中值；a 为累积分布概率为1/2时所对应的林木直径；b 为尺度参数。

（3）Normal（正态）概率密度函数

$$f(x) = \frac{1}{\sigma\sqrt{2\pi}} \exp\left[-\frac{(x-\mu)^2}{2\sigma^2}\right] \quad (4-6)$$

式(4-6)中：μ 为正态分布的数学期望；σ 为林分直径标准差。μ 决定正态分布的位置，σ 决定正态分布的分散大小。

（4）Lognormal（对数正态）概率密度函数

$$f(x) = \frac{1}{cx\sqrt{2\pi}} \exp\left[-\frac{(\ln x - b)^2}{2c^2}\right] \quad (x>0) \quad (4-7)$$

式(4-7)中：b 为随机变量 $\ln(x)$ 的平均数；c 为随机变量 $\ln(x)$ 的标准差。

Lognormal 分布为偏态概率分布，有的林分直径分布为此形状（Bliss & Reinker，

1964）。

（5）Weibull（正态）概率密度函数

$$f(x) = \left(\frac{c}{b}\right)\left(\frac{x-a}{b}\right)^{c-1} \exp\left[-\left(\frac{x-a}{b}\right)^c\right] \quad a \leq x \leq \infty, \ b>0, \ c>0 \qquad (4-8)$$

式（4-8）中：x 为林木实测直径；a 为位置参数；b 为尺度参数；c 为形状参数。

4.8.2.3 分布模型检验

对直径观测值和 5 种林分直径分布函数理论值作 $\chi^2_{0.05}$ 检验。

$$\chi^2 = \sum_{i=1}^{k} \frac{(N_{oi} - N_{ei})^2}{N_{ei}} \qquad (4-9)$$

式（4-9）中：N_{oi} 为观测值；N_{ei} 为理论值；k 为径阶数。当 $\chi^2 > \chi^2_{0.05}$，该分布函数不适合用来描述该林分直径分布规律。

4.2.2.4 参数预测模型

多因子模型参数采用方差膨胀因子（VIF，variance inflation factor）进行检验。即利用各变量之间存在多重共线性时的方差与不存在多重共线性时的方差比值来进行判断。当 0<VIF<10 时，表示参数间不存在多重共线性（Nelson，1964）。VIF 表达式为：

$$VIF = \frac{1}{1 - R_j^2} \qquad (4-10)$$

式（4-10）中：R_j^2 代表第 j 个自变量对其他自变量采用回归分析得到的判定系数，VIF 值处于 1~∞ 的范围内。运用多元线性回归分析法对参数的各个自变量进行共线性 VIF 诊断，筛选出 VIF<10 的因子建立预测模型。

研究按 2 cm 标准整化径阶并分级。

4.3 直径分布分析

4.3.1 红椿直径分布特征

红椿样地的林分特征见表 4-3。10 个样地红椿林分直径分布主要分布在 2~57.7 cm 之间，其中巴东和通山林分起测直径为 2.3 cm，即 2~2.3 cm 之间无对应林木。竹山起测直径（DBH）为 3.0 cm。林分平均直径 $\overline{D}$ 在 14.114~20.243 cm 之间，谷城最低，通山最高。DBH 标准差都在 8 cm 以上，说明 10 个红椿样地的 DBH 变动较大。变异系数 CV 表明，咸丰 1 和黄石样地 DBH 变化程度最高，竹山和谷城 2 个样地的 DBH 变动程度最小，说明咸丰 1 红椿林分直径分布最分散，竹山样地直径分布最集中。

表 4-3 红椿样地林木统计

样地	最小值（cm）	最大值（cm）	平均直径（cm）	标准差（cm）	变异系数	胸高断面积（m²）	偏度	峰度	平均树高（m）	优势高（m）
咸丰 1	2.000	57.700	18.768	15.182	0.809	2.408	0.998	0.274	10.458	12.236
咸丰 2	2.000	46.800	16.731	12.514	0.748	1.633	0.780	-0.117	9.263	10.375
恩施	2.000	40.500	18.341	11.831	0.645	1.822	0.194	-1.211	9.981	10.949
宣恩	2.000	51.600	17.648	13.674	0.775	1.786	0.895	0.127	9.607	10.568
建始	2.000	40.100	14.116	10.435	0.739	1.395	0.866	-0.128	8.953	9.416
巴东	2.300	38.200	15.302	10.410	0.680	1.471	0.454	-0.893	8.301	9.048
通山	2.300	48.000	20.243	13.083	0.646	2.314	0.274	-1.188	11.462	13.411
黄石	2.000	55.000	17.723	14.368	0.811	1.872	0.629	-0.361	10.131	12.448
竹山	3.000	37.600	16.877	8.269	0.490	1.437	0.396	-0.227	9.286	10.586
谷城	2.000	39.900	14.738	9.655	0.655	1.163	0.595	-0.329	8.791	9.846

直径分布曲线左偏的程度越大，说明其越偏向中小径阶，变异系数较大（巢林 等，2014）。10 个红椿样地的林分直径分布 $SK>0$，平均值为 0.6081，曲线均为左偏，SK 大小依次为：咸丰 1>宣恩>建始>咸丰 2>黄石>谷城>巴东>竹山>恩施。统计学意义上，样地直径分布偏斜程度均不大。KT 平均值为 -0.4053，表明大多数样地直径分布曲线比标准正态分布曲线略平坦。咸丰 1 和宣恩的 $KT>0$，直径分布偏尖峰态，其林分直径分布相对比较集中，离散程度较大；其他 8 个样地的 $KT<0$，直径分布偏平坦，表明不同径阶林木株数在林分中较为均匀，直径分布离散程度较小。

由表 4-4 可知，林分平均直径 $\overline{D}$ 与 SK 和 KT 不存在较显著的相关性；SK 与 KT 极显著相关（$R=0.906$）；林分郁闭度与 SK（$R=-0.598$）和 KT（$R=-0.607$）的显著负相关性，说明随着林分郁闭度的增加，相对高密度的林分促进了林分竞争，林分自然稀疏的发生时间来得更早（张雄清和雷渊才，2009；Duan et al., 2019），大径级主导竞争优势，林分直径分布的 SK 和 KT 趋于下降，反映了随着林分的生长，光环境筛导致大量红椿林木的自然稀疏。红椿天然林内处于中小径阶的林木数量由于光环境筛抑制而死亡，但对上层林木和幼苗影响较小。在算术平均直径不变的情况下，小直径植株分布所对应的径阶值较大，引起直径分布曲线左偏。

表4-4　SK、KT与林木特征因子相关分析

林分因子	$\bar{D}$	$\bar{H}$	SK	KT	郁闭度	林分密度
$\bar{H}$	0.917**	1.000				
SK	-0.258	-0.167	1.000			
KT	-0.255	-0.212	0.906**	1.000		
郁闭度	0.208	0.271	-0.598*	-0.607*	1.000	
林分密度	-0.435	-0.215	0.166	0.036	-0.031	1.000

**：0.01显著相关；*：0.05显著相关。

4.3.2　分布拟合与检验

林木直径分布拟合参数见表4-5。以χ^2检验值($p>0.05$)为依据，咸丰1、咸丰2、宣恩、建始和谷城样地的林木直径分布符合Gamma分布，且$1<c\leqslant 2$，曲线基本为单峰曲线。除黄石外，全省9个样地林木直径分布符合Logistic分布。Normal函数拟合不能解释10个样地林木直径分布。咸丰1和竹山样地林木直径符合Lognormal分布。除黄石外，全省9个样地林木直径分布符合Weibull分布。

10个样地林木的Gamma函数形状参数b估计值均大于2，说明红椿林分林木直径分布曲线是先下凹，中间上凸，最后下凹，其密度函数曲线与图4-1所显示的结果基本一致。10个样地Weibull分布函数形状参数c的估计值均大于1，且小于3.6，林木的直径分布曲线表现为左偏山状，即反"J"型，与SK系数研究的结果相似。

由图4-1可以看出，咸丰1、咸丰2、宣恩、建始和谷城样地红椿林木分布观测值与Gamma分布曲线相似。黄石样地林木直径分布观测值与Logistic拟合值相差较大。10个样地Normal分布拟合值与观测值相差很大。仅咸丰1和竹山样地直径分布观测值与Lognormal分布拟合相似。黄石样地林木分布观测值与其Weibull分布拟合值与有较小差异，其他样地Weibull分布拟合值与样地林木直径分布观测值分布曲线的相似程度较高，表明Weibull分布函数拟合红椿天然林林木直径分布较为理想。

04 红椿天然林直径分布

表 4-5 红椿样地林木直径分布参数估计值

样地	Gamma 分布				Logistic 分布				Normal 分布				Lognormal 分布				Weibull 分布					$\chi^2_{0.05}$
	b	c	χ^2	P	a	b	χ^2	P	μ	σ	χ^2	P	b	c	χ^2	P	a	b	c	χ^2	P	
咸丰1	13.746	1.220	24.976	0.464	22.964	0.884	23.030	0.576	18.768	15.182	38.572	0.001	2.548	0.960	36.281	0.067	2.000	8.690	1.083	15.048	0.940	37.652
咸丰2	10.630	1.386	24.730	0.212	22.038	1.878	15.055	0.773	16.731	12.514	38.678	0.011	2.469	0.924	47.882	0.000	2.000	8.655	1.278	10.044	0.967	31.41
恩施	8.567	1.908	44.315	0.000	17.849	1.291	13.608	0.695	18.341	11.831	33.502	0.015	2.600	0.903	93.889	0.000	2.000	9.407	1.364	17.276	0.436	27.587
宣恩	11.950	1.309	26.176	0.244	16.306	1.573	18.386	0.683	17.648	13.674	57.929	0.000	2.510	0.935	48.383	0.001	2.000	8.838	1.213	24.466	0.323	33.924
建始	8.988	1.348	23.849	0.124	19.108	3.276	6.185	0.992	14.116	10.435	44.651	0.000	2.337	0.847	75.648	0.000	2.000	7.186	1.302	12.061	0.796	27.587
巴东	8.146	1.633	39.726	0.001	17.085	2.496	19.911	0.224	15.302	10.410	58.159	0.000	2.426	0.857	131.961	0.000	2.300	7.794	1.312	14.314	0.575	26.296
通山	9.382	1.944	42.696	0.003	27.579	1.029	28.481	0.127	20.243	13.083	38.294	0.017	2.730	0.823	82.950	0.000	2.300	10.657	1.443	29.816	0.096	32.671
黄石	13.130	1.198	58.946	0.000	18.560	1.315	76.154	0.000	17.723	14.368	83.765	0.000	2.410	1.081	66.410	0.000	2.000	8.678	1.055	38.494	0.031	36.415
竹山	4.596	3.237	162.906	0.000	14.851	2.562	7.661	0.937	16.877	8.269	32.777	0.008	2.677	0.603	24.070	0.064	3.000	7.812	1.525	15.728	0.400	24.996
谷城	7.318	1.741	23.514	0.101	12.244	2.654	6.702	0.979	14.738	9.655	24.890	0.097	2.410	0.845	51.328	0.000	2.000	7.469	1.422	13.704	0.621	26.296

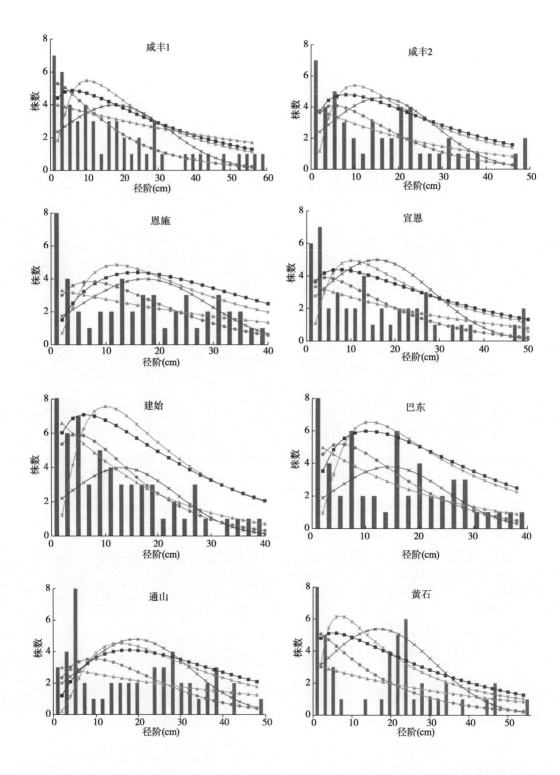

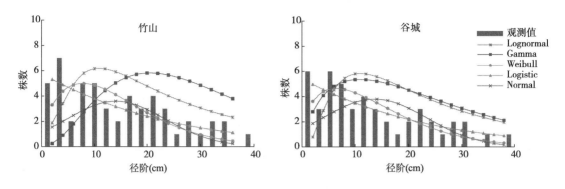

图 4-1　直径分布实际株数与理论株数拟合图

各分布函数经 χ^2 检验,接受百分率见表 4-6。10 个红椿样地中,符合 Logistic 分布和 Weibull 分布函数的各 9 个,其接受率最高,均为 90.0%。Gamma 分布、Normal 分布和 Lognormal 分布拟合的接受率分别为 50.0%、10.0% 和 80.0%。对 Logistic 分布和 Weibull 分布的 χ^2 值进行配对样本 T 检验,配对样本的 $P=0.589>0.001$,不存在显著差异。表明 Logistic 和 Weibull 分布函数均适宜拟合红椿直径分布。

表 4-6　红椿样地林木直径分布函数检验统计结果

函数检验	Gamma 分布	Logistic 分布	Normal 分布	Lognormal 分布	Weibull 分布
接受假设	5	9	1	8	9
拒绝假设	5	1	9	2	1
接受率	50.0%	90.0%	10.0%	80.0%	90.0%

4.3.3　参数预测模型与检验

由于 Weibull 概率函数具有高度的适用性和灵活性,被广泛应用于不同森林类型林木直径分布拟合(Borders et al., 1987; Haara et al., 1997)。为了在实践中快速分析湖北红椿近成熟天然林林木直径分布规律,本研究利用 10 个样地的 Weibull 函数的尺度参数 b 和形状参数 c 分别与林分平均胸径 $\overline{D}$、平均树高 $\overline{H}$、KT 和 SK 构建参数预估模型。在以往的研究中,a 一般被定义为最小径阶的下限值(Burkharte & Tomé, 2012)。由于红椿天然次生林中小径阶林木数量较多,位置参数 a 的变化不大,a 受其他林分特征因子的影响力较小,未表现出显著相关关系。因此,本研究参数预估模型只考虑尺度参数 b 和形状参数 c。

VIF 范围变化较小: 6.002~7.121,且 VIF<10(表 4-7),表明 $\overline{D}$、$\overline{H}$、SK 和 KT 之间

不存在共线性。t 检验显示，$\overline{D}$、$\overline{H}$ 和 SK 的伴随概率<0.05，KT 的伴随概率>0.05。因此，可利用 $\overline{D}$、$\overline{H}$ 和 SK 变量建立 Weibull 参数 b_E 和 c_E 的预估方程。

表 4-7 Weibull 分布参数 b、c 回归分析

自变量	b		c		VIF
	t	P	t	P	
常数	4.044	0.010	3.774	0.013	——
$\overline{D}$	3.461	0.018	-3.224	0.023	7.121
$\overline{H}$	-3.154	0.025	2.988	0.031	6.968
SK	2.796	0.038	-1.484	0.198	6.198
KT	-0.672	0.531	0.351	0.740	6.002

b_E 和 c_E 是 Weibull 预测模型的常数项，$\overline{D}$、$\overline{H}$ 和 SK 均通过了 t 检验（$P<0.05$）。b_E 和 c_E 相关系数分别为 0.918 和 0.804（$R_{0.01}=0.735$），将回归系数代入多元线性方程，得到预估模型：

$$b_E = 0.857 + 0.083\overline{D} \ 0.106\overline{H} + 0.356 SK \qquad (4-11)$$

$$c_E = 1.312 - 0.104\overline{D} + 0.310\overline{H} - 0.819 SK \qquad (4-12)$$

4.3.4 直径分布预测

在已知林分 $\overline{D}$、$\overline{H}$ 和 SK 的情况下，利用方程(4-11)和(4-12)计算参数估计值 b_E 和 c_E。得到的 b_E 和 c_E 代入 Weibull 分布函数，对 5 个预留样地的林木直径分布进行预测（见表 4-8）。预测模型结果通过 $\chi^2_{0.05}$ 检验得到 χ^2_E。除黄石（$\chi^2_E=49.913$）外，其他 4 个样地林木直径分布符合 $\chi^2_{0.05}$ 检验，合格率≥80%，预测效果良好。

表 4-8 Weibull 分布预测效果

样地	b_E	c_E	χ^2_E	$\chi^2_{0.05}$	P
建始	1.388	1.907	17.893	27.587	0.396
通山	1.420	2.531	30.562	32.671	0.081
黄石	1.478	2.090	49.913	36.415	0.001
竹山	1.415	2.107	20.029	24.996	0.171
谷城	1.360	2.014	18.139	26.296	0.316

4.4　研究结论与讨论

红椿天然次生林林木的直径分布主要为左偏山状，即反"J"型，表明林木分布偏向中小径级。研究结论与巢林等（2014）对中亚热带杉阔混交林直径分布研究，李效雄等（2013）对祁连山云杉林径级结构呈反"J"型结果相似；与 Meyer 等学者（Meyer，1952；Meyer & Stevenson，1943）对大尺度范围下美国东北部林分直径分布，以及他们对山毛榉、桦树、枫树、铁杉混交林林分直径分布研究时发现直径分布普遍呈反"J"型也很相似。

在大区域或高海拔梯度的研究中，随小气候的变化，地形一般通过改变光照、温度、水分等生态条件对树木生长产生作用（池源 等，2017）。红椿为强阳性树种，尽管不同样地海拔、坡度和坡向不同，但必须充分满足林冠层光照条件，群落才能维持稳定。因此，红椿常栖生于光环境较好的溪流、河道边或狭窄的林缘地带，并出现小种群现象（Wang et al.，2020），但群落外部光环境条件较好，不同小环境下光照条件基本一直，均能满足光照需求。随着径级增高，对应直径的红椿林木株数相应减少，在较高径阶时株数逐渐趋于平稳，说明直径分布可反映林分曾经受到的干扰（Obiang et al.，2014）。林内未能达到林冠层的红椿植株很难通过光环境筛，导致直径 8～16 cm 的红椿幼树或中树植株死亡较多，幼树数量相对增加，直径分布的离散程度较小，中等和略偏小直径的林木占大多数，林分的峰度和偏度均会下降。

综合拟合优度排序为：Weibull 分布 ≥ Logistic 分布 > Gamma 分布 > Lognormal 分布 > Normal 分布。模型比较表明，Weibull 分布函数和 Logistic 分布函数均可较好地解释湖北地区红椿近成熟天然次生林林木直径分布规律，从理论与实际观测结果都表现出了良好的适应性和灵活性。χ^2 检验表明，Logistic 分布函数也能很好地解释 10 个样地红椿天然林林木直径分布，但拟合优度略低于 Weibull 分布。Logistic 分布函数较为适合偏度较小的林木直径分布拟合（王明亮和孙德宙，1998），但模拟林分样地面积的大小、径阶宽度的划分等因素都会对林分直径分布模拟结果产生影响（巢林 等，2014）。Logistic 分布是否能够应用于较大范围红椿天然林直径分布模拟还有待进一步研究。

由于湖北红椿天然林林木直径分布影响因素复杂多变，尤其是环境、人为干扰和树龄等因素存在较大差异，在模型选择时，应根据拟研究红椿林分的具体情况和研究定位综合考虑。林分因子和 Weibull 参数 b 和 c 经过回归后，获得的直径分布参数估计值 b_E 和 c_E，代入 Weibull 函数预测红椿天然林林木直径分布，效果较为理想。生长环境变化可能导致植物生长发生明显变化，林木直径分布模型具有较高的时效性、敏感性和可操作性(惠刚盈和盛炜彤，1995)。对于具体物种而言，红椿是光敏感型濒危植物，可以通过监测观测值与直径分布模型拟合值的差异变化，合理调节林木直径结构，如制造林窗等正相干预，提高模型拟合度。以此促进林分中小径级红椿林木获得足够光资源，突破生态幅狭窄带，即造成红椿濒危的关键生理期，促进中小径级林木进入主林层和林下更新，保护红椿资源并使其发挥群落生态功能。

CHAPTER 05

红椿生态学研究

Germplasm Resources of Toona ciliata Roem.

5.1 种群动态与格局

种群是生态学各个层次中最重要的一个层次,其中种群年龄结构和空间分布是其核心研究内容。种群年龄结构反映了种群在特定时间世代重叠的特征,是分析探索种群动态的有效方法,被广泛应用于种群动态研究中。植物空间分布格局的研究对于确定种群特征、种群间相互关系以及种群与环境之间的关系具有非常重要的作用,是植物群落空间结构的基本组成要素。通过对森林中优势种群的结构和空间分布格局的研究,对阐明森林生态系统的形成与维持、群落的稳定性与演替规律、种群的生态特征和更新具有极为重要的意义。

种群动态是一定时间和空间范围内种群的大小和数量变化规律,是植物个体生存能力与环境相互作用的结果,已成为植物生态学研究的热点之一。复杂的周期现象可以由不同振幅和相应的谐波组成,种群天然更新动态可通过种群不同龄级的株数分布波动来表现(伍业钢和薛进轩;1988;Stewart & Rose,1990),Fourier 谱分析正是表现波动性和年龄更替过程周期性的数学工具,用于发现濒危种群的小周期和其诱发干扰机制,揭示植物种群发展历史。对种群数量动态在时间序列进行预测,可对种群发展进行先期诊断,有助于理解种群生态特征和未来更新状况。

种群分布格局是植物种群生物学特性对环境条件长期适应和选择的结果(Gittins,1985;张文辉,1998)。空间分布格局是植物群落空间结构的基本组成要素,对于确定种群特征、种群间相互关系以及种群与环境之间的关系具有非常重要的作用。测定种群分布格局有助于进一步揭示群落的特征与本质(Gittins,1985)。

我们以鄂西南 4 个天然红椿种群,咸丰横石梁(T1)、村木田(T2),恩施马鹿河(T3)和宣恩肖家湾(T4)为研究对象,从红椿种群径级结构及其动态、空间分布格局等方面对红椿种群的基本特征进行了典型分析;对鄂西北地区竹山县洪坪(T5)和谷城县(T6 和 T7)3 个红椿种群进行 Fourier 谱分析;以鄂东地区黄石黄荆山种群 2 个样地(T8 和 T9)为例,对种群生存与死亡函数进行分析,并对种群不同龄级的植株数量动态变化进行预测。种群动态研究旨在揭示红椿濒危机制,为红椿种质资源保护提供理论依据。

5.1.1 空间代时间划分种群龄级

参照戴其生等(1997)红椿用材林的解析数据,通过红椿平均胸径与连年生长过程分析,采用空间替代时间法,将林木依胸径大小分级,以立木级结构代替种群年龄结构,分析种群动态(江洪,1992;吕海英 等,2014)。不同种群统一划分为多个龄级(平均4 a对应一个径级），即：幼苗级Ⅰ（2.5 cm<DBH），从第2径级开始，以胸径5 cm为步长增加一级；幼树级Ⅱ（2.5 cm≤DBH<7.5 cm），Ⅲ（7.5 cm≤DBH<12.5 cm）；Ⅳ（12.5 cm≤DBH<17.5 cm）；中树级Ⅴ（17.5 cm≤DBH<22.5 cm），Ⅵ（22.5 cm≤DBH<27.5 cm）；大树级Ⅶ（27.5 cm≤DBH<32.5 cm）；Ⅷ（32.5 cm≤DBH<37.5 cm）；Ⅹ（37.5 cm≤DBH<42.5 cm），Ⅺ（42.5 cm≤DBH<47.5 cm）Ⅻ（47.5 cm≤DBH<52.5 cm）；ⅩⅢ（DBH≥52.5 cm）。然后将第1径级对应第Ⅰ龄级，第2径级对应第Ⅱ龄级。如此类推，按龄级分别统计各级的植株数量。

5.1.2 研究方法

5.1.2.1 结构特征及动态

采用Leak（1975）和陈晓德（1998）等方法，推导红椿种群年龄结构动态指数。

$$V_n = \frac{S_n - S_{n+1}}{\text{Max}(S_n, S_{n+1})} \times 100\% \qquad V_{pi} = \frac{1}{\sum_{n-1}^{k-1} S_n} \cdot \sum_{n-1}^{k-1} (S_n \cdot V_n) \qquad (5-1)$$

式（5-1）中：V_n表示种群从n到$n+1$龄级的个体数量变化动态指数；V_{pi}表示整个种群结构的数量变化动态指数；S_n和S_{n+1}分别表示第n到第$n+1$龄级种群个体数。

当考虑外部干扰时：

$$V'_{pi} = \frac{\sum_{n-1}^{k-1}(S_n \cdot V_n)}{K \cdot \min \cdot (S_1, S_2, S_3 \cdots, S_k) \cdot \sum_{n-1}^{k-1} S_n} \qquad (5-2)$$

式（5-2）中：K为种群径级数量，V_{pi}与V_n取正、负、零值反映种群或相邻龄级个体数量的增长、稳定、衰退的动态关系。

$$P = \frac{1}{K \cdot \min \cdot (S_1, S_2, S_3 \cdots, S_k)} \qquad (5-3)$$

式（5-3）中：P为种群对外界干扰所承担的风险概率，当P的值为最大时，对种群动态V_{pi}构成最大的影响（吕海英 等，2014）。

5.1.2.2 静态生命表及其存活曲线

特定时间内生命表包含：x为单位时间内龄级；a_x为在x龄级内红椿个体数；l_x为在x龄级开始时标准化存活个体数（一般转换为1000）；d_x为从x到$x+1$龄级间隔期内标准化死亡个体数；q_x为从x到$x+1$龄级间隔期间死亡率；L_x为从x到$x+1$龄级间隔期间还存活的

个体数；T_x为从x龄级到超过x龄级的个体总数；e_x为进入x龄级个体的生命期望或平均期望寿命；K_x为亏损率（损失度）。以上各项相互关联，通过实测值a_x或d_x求得，其关系为：$l_x=(a_x/a_0)\times 1\,000$；$d_x=l_x+l_{x+1}$；$d_x=l_x-l_{x+1}d_x$；$q_x=(d_x/l_x)\times 100\%$；$L_x=(l_x+l_{x+1})/2$；$T_x=\sum_{x}^{\infty}L_x$；$e_x=T_x/l_x$（江洪，1992；洪伟 等，2004）。以龄级为横坐标，以生命表中标准化存活数的自然对数$\ln(l_x)$为纵坐标作图，绘制红椿种群存活曲线。

5.1.2.3 种群 Fourier 级数分析

利用 Fourier 级数研究不同濒危物种的基波和振幅，以发现种群发展过程中的小周期和其诱因。Fourier 级数正弦波表达和分解中的各个参数（Stewart & Rose，1990）如下。

$$N_t=A_0+\sum_{k=1}^{m}A_k\sin(\omega_k t+\theta_k) \tag{5-4}$$

式（5-4）中：A_0为周期变化的平均；$A_k(k=1,2,\cdots,m)$为各谐波振幅，标志其起作用的大小。ω_k和θ_k分别为谐波率及相角，N_t为t时刻种群大小。

将种群各龄级个体数分别视为一时间系列t，以x_t表示为t年龄序列时个体数。采用空间代时间划分的龄级序列作为其年龄序列。n为系列总长度。n为偶数时$m=n/2$，n为奇数时$m=(n-1)/2$。T为正弦波的基本周期，即时间系列t的最长周期，即资料总长度，已知$T=n$，x_t表示t年龄时个体数。

$$A_0=\frac{1}{n}\sum_{t=1}^{n}x_t \;;\; A_k^2=a_k^2+b_k^2 \;;\; \omega_k=\frac{2\pi k}{T} \;;\; \theta_k=\arctan(\frac{a_k}{b_k}) \;;$$
$$a_k=\frac{2}{n}\sum_{t=1}^{n}x_t\cos\frac{2\pi k(t-1)}{n} \;;\; b_k=\frac{2}{n}\sum_{t=1}^{n}x_t\sin\frac{2\pi k(t-1)}{n} \tag{5-5}$$

5.1.2.4 种群生存曲线

引入4个函数到种群生存分析中。即生存率函数$S(t_k)$、累积死亡率函数$F(t)$、死亡密度函数$f(t)$和危险率函数$h(t)$。根据4个生存函数的估算值，绘制生存曲线、累计死亡率曲线、死亡密度曲线和危险率曲线（覃林，2009）。

生存率函数：

$$\hat{S}(t_k)=P(T\geq t_k)=P_1\cdot P_2\cdots\cdots P_k \tag{5-6}$$

式（5-6）中：P_1，P_2，$\cdots$，P_k表示不同时间段生存概率。此时，生存概率是多个时段生存概率的累积，又称累积生存频率。

累积死亡函数$F(t)$：

$$\hat{F}(t) = 1 - \hat{S}(t_k) \tag{5-7}$$

死亡密度函数 $f(t)$：

$$\hat{f}(t_k) = \frac{\hat{S}(t_{k-1}) - \hat{S}(t_k)}{h_k} \tag{5-8}$$

式(5-8)中，h_k 为第 k 个间隔期的时间长度。

危险率函数 $h(t)$，用于测定一定年龄的个体是否容易死亡：

$$\hat{h}(t_k) = \frac{\hat{f}(t_k)}{\hat{S}(t_k)} \tag{5-9}$$

5.1.2.5 种群数量动态预测

应用一次移动平均法（张文辉 等，2004）对红椿种群龄级数量在时间序列进行预测。根据公式：$M_t^{(1)} = \frac{1}{n} \sum_{k=t-n+1}^{t} x_k$，式中 $M_t^{(1)}$ 是近期 n 个观测值（未来时间年限）在 t 时刻的种群大小，称为第 n 周期的移动平均（以 1 a 为一个年龄级）。我们分别对黄石黄荆山种群未来第Ⅲ、Ⅵ、Ⅸ龄级的存活植株的自然对数值进行时间序列预测。

5.1.2.6 种群空间分布格局

为准确研究红椿种群分布格局与聚集强度，按不同格子大小统计：4 m×4 m，5 m×5 m，5 m×10 m，10 m×10 m。采用 7 个分布格局数学模型进行分析，以避免各模型的片面性，即：扩散系数（C_x）、负二项参数（K），Cassie 指标（C_a），Lloyd 平均拥挤度（m^*），聚块性指数 PAI（$m^*/\bar{x}$），David&Moore 的丛生指标（I），Morisita 扩散型指数（I_δ），进行分布格局与聚集强度的判定（洪伟 等，2004；兰国玉 等，2003）。对扩散系数（C_x）采用 t 检验，对 Morisita 指数（I_δ）采用 F 检验。公式如下：

扩散系数：$C_x = S^2/\bar{x}$；负二项参数：$K = \frac{\bar{x}^2}{S^2 - \bar{x}}$；Cassie 指数：$C_a = \frac{S^2 - \bar{x}}{\bar{x}^2}$；

Lloyd 平均拥挤度：$m^* = \bar{x} + (\frac{S^2}{\bar{x}} - 1)$；聚块指数：$m^*/\bar{x}$；

丛生指数：$I = \left(\frac{S^2}{\bar{x}} - 1\right)$；Morisita 指数：$I_\delta = \frac{\sum x^2 - \sum x}{(\sum x)^2 - \sum x} \cdot n$

5.1.3 动态特征分析

5.1.3.1 年龄结构及动态

图 5-1 为鄂西南的咸丰横石梁（T1）、村木田（T2），恩施马鹿河（T3）和宣恩肖家湾

(T4)红椿种群龄级数量分布。4个不同样地的红椿种群均属于增长型种群。种群均在第Ⅰ龄级占有最大百分比,分别达到30.65%、31.82%、28.57%和36.59%。T1存活数量在第Ⅴ龄级最低,占4.84%;T2的存活数最低在第Ⅶ龄级和第Ⅷ龄级,均为4.55%;T3最低存活数在第Ⅳ龄级,为3.57%;T4的最低值在第Ⅴ龄级,只有2.44%。4个样地同样经历了较高数量的幼苗存活期和损失期,中龄级植株的高损失期,高龄级时的种群稳定期。

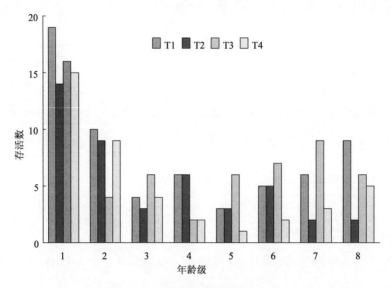

图5-1　红椿种群龄级数量分布

种群相邻龄级间个体数量的变化动态结果(见表5-1)显示,4个不同种群动态指数变化差异较大,但增长性较强。4个种群在不同龄级间均出现2~3次负增长,但总体变化指数V_{pi}均大于0,V'_{pi}指数也大于0,说明4个种群均为增长型种群。4个种群动态增长指数:T2>T4>T3>T1;干扰条件下的动态指数:T4>T2>T3>T1;干扰敏感指:T4>T2=T3>T1,表明了种群对应外界风险能力指数的大小。实地调查发现,4个样地红椿结实情况良好。丰富的生殖个体,维系着种群整体的相对稳定。

表5-1　红椿种群结构动态

种群	种群结构动态(%)										P值
	V_1	V_2	V_3	V_4	V_5	V_6	V_7	V_{pi}	V'_{pi}		
T1	47.37	60.00	-33.33	50.00	-40.00	-16.67	-33.33	23.84	0.993		0.0417
T2	35.71	66.67	-50.00	50.00	-40.00	60.00	0.00	34.05	2.128		0.0625
T3	75.00	-33.33	66.67	-66.66	-14.29	-22.22	33.33	27.84	1.740		0.0625
T4	40.00	55.55	50.00	50.00	-50.00	-33.33	-40.00	32.31	4.039		0.1250

5.1.3.2 种群生命表分析

根据径级年龄结构分级数据,编制出红椿种群的特定时间生命表。表 5-2 显示,4 个不同年龄结构的种群都表现出幼苗期植株数量最高,中间龄级数量最少或波动,高龄级种群趋于稳态。T1 幼苗最多,高龄级存活数量也最多。实际调查中,T1 种群位于自然村落旁,人为干扰因素促进了种群的结构变化。T1 人为干扰仅低于 T4,其 q_x 最高出现在第 V 龄级,低峰在第 VI 龄级;T2 也存在一定人为干扰,q_x 在第 II 龄级和第 V 龄级;低峰在第 VII 龄级,为 0;T3 人为干扰最小,能代表红椿天然种群的典型特征,q_x 出现两个高点,分别在第 I 龄级和第 IV 龄级,说明了幼苗和幼树两个阶段的环境筛选。T4 的人为干扰最大,在第 V 龄级时,q_x = 1.000,其种群结构与 T1 存在相似性。期望寿命 e_x 可反映各龄级内个体的平均生存能力。e_x 值高表明生理活动旺盛,生命力最强,生存质量高。最高 e_x 值的大小分别为:T3>T4>T1>T2。T1、T2 与 T4 表现出了同样的 q_x 龄级对应现象,明显与 T3 不同,显然与 3 个种群受到的不同程度强干扰有关。干扰改变了第 II 龄级的环境筛选结构,使 q_x 向后龄级推迟。

表 5-2 不同样地红椿种群静态生命表

样地	x	a_x	l_x	d_x	q_x	L_x	T_x	e_x	$\ln(a_x)$	$\ln(l_x)$
T1	I	19	1000.000	473.684	0.474	763.158	2763.159	2.763	2.944	6.908
	II	10	526.316	315.790	0.600	368.421	2000.001	3.800	2.303	6.266
	III	4	210.526	-105.263	-0.500	263.158	1631.580	7.750	1.386	5.350
	IV	6	315.789	157.894	0.500	236.842	1368.442	4.333	1.792	5.755
	V	3	157.895	-105.263	-0.667	210.527	1131.580	7.167	1.099	5.062
	VI	5	263.158	-52.631	-0.200	289.474	921.053	3.500	1.609	5.573
	VII	6	315.789	-157.895	-0.500	394.737	631.579	2.000	1.792	5.755
	VIII	9	473.684	473.684	—	236.842	236.842	0.500	2.197	6.161
T2	I	14	1000.000	357.143	0.357	821.429	2642.858	2.643	2.639	6.908
	II	9	642.857	428.571	0.667	428.571	1821.429	2.833	2.197	6.466
	III	3	214.286	-214.286	-1.000	321.429	1392.858	6.500	1.099	5.367
	IV	6	428.571	214.286	0.500	321.429	1071.429	2.500	1.792	6.060
	V	3	214.286	-142.857	-0.667	285.714	750.000	3.500	1.099	5.367
	VI	5	357.143	214.286	0.600	250.000	464.286	1.300	1.609	5.878
	VII	2	142.857	0.000	0.000	142.857	214.286	1.500	0.693	4.962
	VIII	2	142.857	142.857	—	71.429	71.429	0.500	0.693	4.962

(续)

样地	x	a_x	l_x	d_x	q_x	L_x	T_x	e_x	$\ln(a_x)$	$\ln(l_x)$
T3	I	16	1000.000	750.000	0.750	625.000	3000.000	3.000	2.773	6.908
	II	4	250.000	-125.000	-0.500	312.500	2375.000	9.500	1.386	5.521
	III	6	375.000	250.000	0.667	250.000	2062.500	5.500	1.792	5.927
	IV	2	125.000	-250.000	-2.000	250.000	1812.500	14.500	0.693	4.828
	V	6	375.000	-62.500	-0.167	406.250	1562.500	4.167	1.792	5.927
	VI	7	437.500	-125.000	-0.286	500.000	1156.250	2.643	1.946	6.081
	VII	9	562.500	187.500	0.333	468.750	656.250	1.167	2.197	6.332
	VIII	6	375.000	375.000	—	187.500	187.500	0.500	1.792	5.927
T4	I	15	1000.000	400.000	0.400	800.000	2233.333	2.233	2.708	6.908
	II	9	600.000	333.333	0.556	433.333	1433.333	2.389	2.197	6.397
	III	4	266.667	133.333	0.500	200.000	1000.000	3.750	1.386	5.586
	IV	2	133.333	66.667	0.500	100.000	800.000	6.000	0.693	4.893
	V	1	66.667	-66.667	-1.000	100.000	700.000	10.500	0.000	4.200
	VI	2	133.333	-66.667	-0.500	166.667	600.000	4.500	0.693	4.893
	VII	3	200.000	-133.333	-0.667	266.667	433.333	2.167	1.099	5.298
	VIII	5	333.333	333.333	—	166.667	166.667	0.500	1.609	5.809

按照 Deevey 的划分，种群存活曲线一般有 3 种基本类型：Ⅰ型是凸型曲线，Ⅱ型是直线，Ⅲ型是凹型曲线，分别表示不同的动态意义。存活曲线图 5-2 显示 4 个种群的存活曲线均不符合 Deevey 型曲线特征。红椿天然种群的特殊生理特征、生活环境和不同干扰因子，使得存活数量在不同龄级出现波动。存活曲线方程见表 5-3。

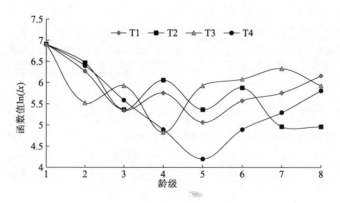

图 5-2 红椿种群存活曲线

表 5-3 不同红椿种群存活曲线回归方程拟合

种群	回归方程	相关系数(R^2)	F 值	显著性检验(P)
T1	$y = -0.121S^3 + 2.469S^2 - 14.814S + 31.071$	0.946*	23.401	0.005
T2	$y = -0.136S^3 + 2.162S^2 - 11.297S + 23.286$	0.889*	10.714	0.022
T3	$y = -0.287S^3 + 4.410S^2 - 19.992S + 31.143$	0.852*	7.763	0.039
T4	$y = -0.058S^3 + 1.492S^2 - 10.64S + 24.357$	0.997**	478.079	0.000

注:S 为大小级,y 为不同大小级的现存个体数的估计值。* $P<0.05$ 差异显著,** $P<0.01$ 差异显著。

T1、T2 和 T3 等 3 个种群的显著性检验表现为极显著,T4 种群为显著。4 个不同种群存活曲线都符合表 4 模型。T3 种群相关系数最小:$R^2>0.852$,最小 F 值大于 7.763。因此,3 次曲线回归方程比较适合 4 个红椿种群的发展趋势。通过模型的建立,可以评估不同径级的个体存活数量趋势。4 个存活曲线反映出 T1、T2 和 T4 的曲线特征与 T3 不同。

5.1.3.3 种群动态谱分析

鄂西北 3 个种群分别为竹山洪坪 T5 种群,谷城玛瑙观二道沟 T6 种群、谷城玛瑙观三道沟 T7 种群。通过不同龄级红椿实际存活数量分布波动来探讨红椿种群的动态,以龄级作为波谱分析的级差,3 个种群全部级差均为 8 个龄级。因此,总波序 $K = N/2 = 4$。

表 5-4 显示,T5 种群基波 $A_1 = 1.0616$,为种群本身所固有,反应种群波动特性。竹山 T5 数量动态除受基波影响外,还显示出明显的小周期波动,即 $A_4 = 0.5481$,对应反应在 $8 \times 5/4 = 10$ cm 径级,即第Ⅲ龄级,此时种群数量动态指数 $V_2 = -21.74\%$,可以解释小周期的形成来自种群动态变化。T5 小周期波动约为 9~12 a(A_4),是该种群理论上的最小周期。谷城 T6 种群基波 $A_1 = 1.0971$,明显的小周期波动在 $A_3 = 0.8490$,红椿种群小周期波动约为 13~16 a,显示在第Ⅳ龄级,是该种群理论上的最小周期。谷城 T7 种群基波 $A_1 = 0.7882$,为该种群固有,明显的小周期波动在 $A_4 = 1.0067$,反映在第Ⅲ龄级,这一现象与竹山红椿种群的小周期波动一致,可能与这两个种群同样受到较强人为干扰有关。

表 5-4 红椿种群的周期性波动

种群	$n^{1)}$	各谐波振幅值[2]			
		A_1	A_2	A_3	A_4
T5	8	1.0616	0.4502	0.0412	0.5481
T6	9	1.0971	0.1502	0.8490	0.0006
T7	8	0.7882	0.3464	0.0430	1.0067

[1] n：各种群对应龄级值；

[2] A_1：基波振幅值；A_2：第 2 波序振幅值；A_3：第 3 波序振幅值；A_4：第 4 波序振幅值。

3 个红椿天然种群谱分析发现，红椿种群天然更新存在周期性，而且所表现出的波动不是单一周期。除基波 A_k 外，各种群在不同龄级表现出小周期，种群由两个或以上的周期叠加。因此可以认为红椿天然种群大周期内有小周期的多谐波迭加特征。小的周期波动可使种群的自我稳定性得以维持与延续。红椿种群周期受调查面积、年龄的限制，不能完整反映种群生命周期的全部。但 3 个种群小周期波动与生命表特征吻合。

5.1.3.4 种群生存分析

以黄石黄荆山红椿种群的两个标准地为例(T8 和 T9)，研究红椿种群生存估计函数值(表 5-5)。以龄级为横坐标，各函数值为纵坐标作图 5-3 和图 5-4。2 个红椿标准地的生存率函数 $S(t)$ 在幼苗期为最高值，分别为 0.837 和 0.857。在第Ⅰ~Ⅳ龄级，T8 样地种群下降趋势明显；T9 在Ⅰ~Ⅴ龄级明显，其后逐渐稳定，与生命表中 q_x 在相应龄级先升后降变化节奏一致。在Ⅳ龄级后，T8 样地种群累积死亡率 $F(t)$ 上升趋势逐渐趋稳，T9 样地种群累积死亡率 $F(t)$ 在第Ⅴ龄级后逐渐趋稳。2 个函数前期的变化幅度大于后期。T8 和 T9 样地种群死亡密度函数 $f(t)$ 前高后低，T8 在第Ⅵ龄级为 0.012，T9 在第Ⅶ龄级为 0.005，下降明显，其后稳定。T8 样地种群危险率函数从幼苗期到第Ⅳ龄级出现峰值，为 0.152 其后出现两次峰值，但变化幅度不大。T9 从幼苗期到第Ⅵ龄级出现峰值，达 0.167，其后变化幅度较小。函数生存分析说明红椿种群早期淘汰较高，中期种群趋于稳定，与种群生命表数据分析吻合。

表 5-5 红椿种群生存估计函数

种群	龄级 x	生存率函数 $S(t)$	累积死亡率函数 $F(t)$	死亡密度函数 $f(t)$	危险率函数 $\lambda(t)$
T1	I	0.837	0.163	0.041	0.044
	II	0.674	0.326	0.041	0.054
	III	0.512	0.488	0.041	0.069
	IV	0.349	0.651	0.041	0.095
	V	0.186	0.814	0.041	0.152
	VI	0.140	0.860	0.012	0.071
	VII	0.093	0.907	0.012	0.100
	VIII	0.070	0.930	0.006	0.071
	IX	0.047	0.953	0.006	0.100
	X	0.023	0.977	0.006	0.167
	XI	0.023	0.977	0.000	0.000
	XII	0.000	1.000	0.006	—
T2	I	0.857	0.143	0.036	0.038
	II	0.714	0.286	0.036	0.046
	III	0.571	0.429	0.036	0.056
	IV	0.429	0.571	0.036	0.071
	V	0.286	0.714	0.036	0.100
	VI	0.143	0.857	0.036	0.167
	VII	0.122	0.878	0.005	0.038
	VIII	0.102	0.898	0.005	0.046
	IX	0.082	0.918	0.005	0.056
	X	0.061	0.939	0.005	0.071
	XI	0.041	0.959	0.005	0.100
	XII	0.000	1.000	0.010	—

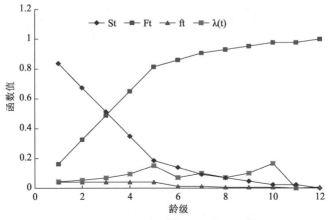

图 5-3 T8 样地种群生存估计函数

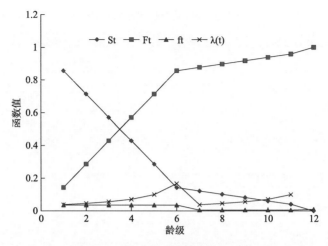

图 5-4　T9 样地种群生存估计函数

5.1.3.5　种群数量动态序列预测

同样以黄石黄荆山红椿种群的两个标准地为例（T8 和 T9），采用一次移动平均法预测种群未来 12 a、24 a、36 a 数量。结果如图 5-5 和图 5-6。第 12 a 时，T8 样地现有存活植株依据种群现有龄级动态，将会由目前的 45 株大幅下降到 20 株左右，样地内红椿植株数量总数在第Ⅲ龄级会增加，但随年时间推移，到Ⅴ和Ⅵ龄级时数量减少，其后趋于稳定。24 a 和 36 a 时的预测表明，龄级数量动态变化在相应龄级均呈现先增后减。从图 5-6 可看出，预测到第 12 a 时，T9 样地红椿植株相应数量高于 T8 样地种群同期数量，第Ⅴ龄

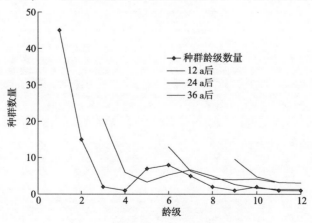

图 5-5　T8 样地种群数量动态预测

级、Ⅵ龄级和Ⅶ龄级的数量高于种群现有水平，其后趋于稳定；T9 样地种群数量在第 24 a 和 36 a 时动态预测结果表明，种群数量动态发展趋势将与 T8 样地种群一致。从Ⅶ和Ⅷ龄级开始，T8 样地和 T9 样地种群均保持平稳态势，成树比例较大。如缺乏更新机制，该种群将呈老龄化。

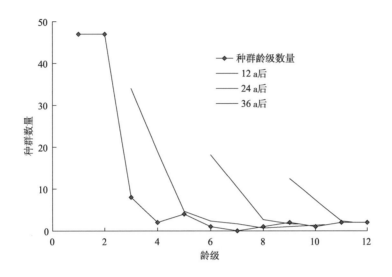

图 5-6　T9 样地种群数量动态预测

5.1.3.6　种群空间格局

种群在一定的空间内都会呈现出特有的分布格局，它能够反映出种内种间关系、环境适应机制、空间异质性等。表 5-6 中，咸丰横石梁（T1）种群无法在 100 m² 取样。在 25 m² 和 50 m² 取样时，对应自由度为 17 和 8；咸丰村木田（T2），恩施马鹿河（T3）和宣恩肖家湾（T4）种群在 25 m²、50 m²、100 m² 尺度对应自由度分别为 15、7 和 3。由表 5-6 可见：4 个红椿种群不同取样大小，扩散系数法的 t 检验结果表明：T1 种群在 25 m² 和 50 m² 尺度时为聚集分布。T2 种群在 25 m²、50 m² 和 100 m² 为泊松分布；T3 种群 25 m² 和 50 m² 尺度下为泊松分布，100 m² 尺度时趋近均匀分布；T4 种群在 25 m²、50 m² 和 100 m² 尺度时为聚集分布。聚集程度负二项参数 K 值愈小，聚集程度越高，当 K 值趋于无穷大时（一般为 8 以上），则逼近泊松分布。$K>0$ 时，为聚集分布，T2 和 T3 种群 K 大于 8，为泊松分布。T1 和 T4 种群小于 8，为聚集分布。对 F_0 的检验，$F_0 \leq F_{0.05}$ 为随机分布，$F_0 > F_{0.05}$ 为聚集分布。Morisita 指数 I_δ 结果经 F_0 检验，与扩散系数 t 检验完全一致。

表 5-6　不同取样尺度红椿种群分布格局

种群	取样面积(m^2)	扩散系数(C)	t 值	分布型	负二项参数K	Cassie指数(C_a)	平均拥挤度(m^*)	聚块指数(m^*/m)	丛生指数(I)	Morisita指数(I_δ)	F_0
T1	25	1.989	2.883	聚集	3.482	0.287	4.433	1.287	0.989	1.276	1.990
	50	2.339	2.677	聚集	5.146	0.194	8.228	1.194	1.3387	1.176	1.970
	100	—	—	—	—	—	—	—	—	—	—
T2	25	1.333	0.913	泊松	8.264	0.121	3.083	1.121	0.333	1.116	1.333
	50	1.455	0.909	泊松	12.100	0.083	5.955	1.083	0.455	1.170	2.044
	100	1.091	0.816	泊松	121.000	0.008	11.091	1.008	0.091	1.076	2.089
T3	25	1.333	0.913	泊松	10.497	0.095	3.833	1.095	0.333	1.091	1.333
	50	1.389	0.728	泊松	18.053	0.055	7.389	1.055	0.389	1.049	1.385
	100	0.095	-1.108	均匀	-15.474	-0.065	13.095	0.935	-0.905	0.951	0.101
T4	25	2.704	4.667	聚集	1.505	0.665	4.267	1.665	1.704	1.639	2.704
	50	4.094	5.788	聚集	1.656	0.604	8.219	1.604	3.094	1.541	4.091
	100	4.967	4.859	聚集	2.584	0.387	14.217	1.387	3.967	1.298	6.307

聚集强度 T4>T1>T2>T3。平均拥挤指数 m^* 表示生物个体在 1 个样方中的平均邻居数，它反映了样方内生物个体的拥挤程度，数值越大聚集强度越大，表示种群内个体受其他个体的拥挤效应越大。4 个不同种群的拥挤程度分别表明：T1>T4>T3>T2。聚集强度与拥挤程度进一步说明了 T1 和 T4 种群的聚集分布特性；T2 和 T3 种群的泊松分布特性。

5.1.4　研究结论与讨论

5.1.4.1　鄂西南种群动态特征

红椿幼苗有一定的耐阴性，但幼苗到幼树阶段，需要足够的光照条件。强阳性特征，决定了红椿种群必须占据群落上层才能进一步发展。群落上层环境复杂，其他乔木、大型藤本一旦进入群落上层，较差的光照条件必然影响红椿幼树的生长，产生高死亡率。鄂西南 4 个种群，在第Ⅲ～Ⅴ龄级数量稀少，种群出现负增长。种群动态结构分析说明：鄂西南红椿天然种群基本处于增长型向稳定型的过渡阶段。

种群的龄级与存活数量曲线表明，T2 和 T3 种群出现 2 次波动现象，可能与种群的 2 次自稀疏现象有关。波动在幼苗到幼树期最明显，此间种内种间竞争激烈。而 T1 和 T4 种群成活曲线显示第Ⅴ级的高死亡率 q_x 和高期望寿命 e_x，则可能缘于自稀疏和外界干扰的共同作用。

5.1.4.2 鄂西北种群动态历史

种群数量动态既有基波的大格局定位,也有种群自然生长特性和环境因素造成的小周期波动叠加。通过种群数量动态和生命表及存活曲线分析,不同种群的个体损失均集中在第Ⅱ~Ⅳ龄级,而小周期波动主要是来自第Ⅲ和第Ⅳ龄级,这一现象与红椿生理特性与环境筛矛盾相吻合。由于湖北省内所有天然红椿种群均为次生林,且受调查面积、年龄的限制,周期波动不能完整反应种群生命周期。因此可以认为:结构完整的天然红椿种群,大周期内必然存在不同小周期多谐波叠加。

5.1.4.3 鄂东南种群动态趋势

黄荆山红椿幼苗在两个样地中均存在,林缘位置使得红椿幼苗能获得较好的光照。然而,种群自身发展中,环境条件存在巨大的不确定性,外界环境变化如人为干扰,或光照条件变化等,会在不定龄级形成新的环境筛,导致种群相应龄级数量结构发生变化。防止未来种群老龄化,应该对现存种群有针对性地进行干预,如采取适当的"人工正向辅助",开辟林窗,以制造有利环境,帮助幼树穿过光环境筛,促进红椿种群更新。

5.1.4.4 种群空间分布格局

红椿天然种群以泊松分布为特征,聚集分布主要来源于人为干扰。鄂西南的4个种群的人为干扰强度为:T4>T1>T2>T3。T1和T4为集聚分布,T2和T3为泊松分布。T1种群位于自然村落旁,种群处于村民住宅和河流之间的狭长落叶阔叶林群落之间,群落结构较完整。虽然人为干扰较小,但种群的发展区域受限,且红椿群落被几条小路分为多段。T4种群位于七姊妹山保护区的缓冲区,红椿群落一面依山,另一面被开垦的农田隔断,形成沿山凹地段延展的受干扰群落。T2种群干扰较小,种群处于恢复期。T3种群人为干扰最小,能代表红椿天然种群的特征。

虽然种群聚集分布或在某一斑块上形成优势有利于增加存活机会、抵抗外来种的侵入和定居,发挥群体效应,从而维持种群的稳定和续存,但环境变化和人为干扰,会减少天然种群的幼苗数量,使更新层缺乏和种群老龄化。资源保护首先应加强人为正向"干扰",制造林窗,改善红椿生理需光条件,为种群更新层个体发育创造良好的生境。其次,对群落不同林层适当疏伐、人工抚育等手段并用,调整完善种群分布格局。第三,进行种质资源收集和引种实验,扩大优质人工林规模,使这一濒危优良用材树种资源得到保护和开发。

5.2 群落 α 多样性与环境因子的关系

群落的多样性作为刻画植物群落组成结构的重要指标,一直受到生态学家的关注。群落多样性受到环境特征的深刻影响。环境因子在空间和时间上的差异决定着植物群落结构及其物种多样性特征(Jean,2010)。宏观空间层面,气候变化,尤其是降水和温度变化使得物种的物候,物种行为、分布、物种丰富度等均会造成改变。微观层面上,植物群落物种多样性特征与局部环境特征可为研究植物生态适应性和环境变化提供依据(唐金 等,2010),如植物群落所处局部微环境通过坡位、坡向和坡度变化,影响群落光照条件、土壤水分和养分,从而影响植物群落 α 多样性(郑江坤 等,2009)。此外,不同群落的不同演替阶段及不同演替类型也深刻影响植物群落的 α 多样性(王世雄 等,2010)。相对而言,濒危植物多为环境依赖型或生态敏感型,自身内在生存力较普通植物低下,研究其所处群落的多样性与环境因子变化的相互关系,有助于揭示濒危植物对环境的响应机制。

研究红椿群落生物多样性,对于揭示多样性与环境的关系,制定合理的群落保护和人工正向促进机制,以及保护这一濒危物种,有着重要的理论与实际意义。对于具体的植物群落,大的气候条件基本一致,其群落小生境可能是形成物种多样性的主要原因(汪殿蓓等,2001),我们研究红椿群落物种 α 多样性、土壤物理因子和地形因子三者之间的关系,旨在揭示环境变化对群落不同层次、不同生态适应型植物的影响。

5.2.1 取样方法与数据处理

以建始县青龙河红椿群落为基础选择样地并设立样方(调查方法、土壤取样见第二章:野外调查与测定),数据见表5-7。4个样地分别为夹沟(P1)、桃树坡(P2)、建始沟(P3)和干沟湾(P4)。4个样地取样面积 1600 m²,样地内共 16 个乔木层样方,20 个灌木层样方,20 个草本层样方。

表5-7 红椿群落主要环境因子

样地	海拔(m)	坡度(°)	坡向(°)	坡位	土壤含水量(%)	毛管孔隙度(%)	容重(g/m³)	pH	郁闭度
P1	457	21	EN7	下	11.34	46.16	1.168	6.1	0.6
P2	541	28	NE32	中上	9.76	42.63	1.167	6.2	0.7
P3	670	35	SW9	中下	9.3	43.33	1.151	6.2	0.8
P4	746	40	ES23	中下	10.47	43.42	1.193	6.2	0.4

数据统计中，坡度以正值计算；实测坡向并分为8级：北向为1、东北为2、西北为3、东向为4、西向为5、东南为6、西南为7、南向为8(郑江坤 等，2009)，数字越大，表示越向阳，光照条件越好；坡位从沟底到顶以高差等分分为4级，依次赋值1~4，越接近顶部光照条件越好。为使不同类型地形数据可以直接反映各因子本质特征，采用一维比较法，$Y = 1 - 0.9 \times (V_{max} - V)/(V_{max} - V_{min})$，对全部地形因子进行标准化处理(晏姝 等，2011)，得到0.1~1.0的区间值。

5.2.1.1 群落 α 多样性分析方法

采用Margalef丰富度指数，Shannon多样性指数 H，Simpson GINI优势度指数 D，均匀度指数 E，分别计算乔、灌、草层 α 多样性。

$$\left. \begin{array}{l} \text{Margalef 指数：} D_{ma} = (S-1)/\ln N; \\ \text{Shannon 指数：} H = -\sum_{i=1}^{n} p_i \ln p_i; \\ \text{Simpson GINI 指数：} D = 1 - p_i^2; \\ \text{Pielou 指数：} E = -\sum_{i=1}^{n} p_i \ln p_i / \ln S \end{array} \right\} \quad (5\text{-}10)$$

式(5-10)中：S 为物种数；p_i 为第 i 个物种在群落中的重要性相对指标；$p_i = n_i/N$，n_i 为第 i 种数；N 为群落中所有物种数之和。

5.2.1.2 α 多样性与环境因子分析

运用典范相关方法，分析4个红椿样地的物种多样性与所处地形、土壤物理因子等环境因子的相互关系。利用地形、土壤物理因子和乔灌草层多样性(Shannon指数)，组成3组典范变量；使3组变量互为自变量和因变量，两两之间运用多对多的典范相关性分析，由一组变量的数值预测另一组变量的线性组合数值。通过典范相关分析，建立地形、土壤与多样性指数典范变量，解释3组变量的相互关系。

5.2.2 群落与环境分析

5.2.2.1 群落多样性分析

建始县青龙河村4个不同样地从夹沟(P1)、桃树坡(P2)、建始坡(P3)、干沟湾(P4)，海拔逐渐上升，跨度近300 m，地形和土壤物理性质变化较大，4个红椿样地乔灌草层各多样性指数差异较大(表5-8)。

表 5-8 不同样地各林层多样性指数

样地	丰富度 D_{ma}			Shannon 指数 H			优势度 D			均匀度 E		
	乔	灌	草	乔	灌	草	乔	灌	草	乔	灌	草
P1	2.635	2.382	4.170	2.189	2.129	2.939	0.859	0.850	0.936	0.853	0.830	0.892
P2	3.267	2.837	4.975	2.370	2.359	3.023	0.878	0.873	0.940	0.837	0.871	0.890
P3	3.325	2.217	4.562	2.443	1.771	3.039	0.890	0.759	0.943	0.881	0.739	0.912
P4	2.659	3.141	3.493	2.240	2.651	3.026	0.920	0.920	0.949	0.934	0.936	0.979

群落多样性指数与群落类型及结构有关，结构越复杂的群落多样性指数和丰富度指数越高。表 5-8 显示，乔木层的丰富度指数从 P1~P4 形成先升后降的态势，P3 最高，为 3.325；灌木层丰富度指数在 P3 最低，仅为 2.217，在 P4 最高，为 3.141，表现沿海拔升高先降后升；4 个样地的草本层丰富度指数均高于同样地乔灌层。草本丰富度指数在不同样地间变化幅度最大。乔木层 Shannon 指数的变化趋势与丰富度指数基本相同；而各样地草本层 Shannon 指数均高于同群乔灌层，P3 草本 Shannon 指数最高，为 3.039，略高于其他样地。P2 草本层结构最复杂；P3 乔木层结构最复杂；P4 的灌木结构最复杂。优势度指数反映的是优势种在群落中的地位和作用，它与其他多样性指数均呈负相关。P1、P2、P3 的优势度指数与其他样地各多样性指数呈正相关，可能是由于不同的地形、土壤物理条件和郁闭度造成的；而 P4 各林层的优势度与同样地内的多样性指数呈负相关。多样性指数越高，生态优势度越小，而均匀度指数越高，但 4 个样地乔灌草层均匀度指数与优势度呈正相关，这种矛盾可能与取样面积有关，也可能由于 P1 位于河谷边，P2、P3、P4 被山路切断，样地均位于林缘，使得林下光照资源增加，而改变竞争条件引起的。P4 乔灌草层丰富度与 Shannon 指数均最低，但均匀度指数最高，可能与该样地所处位置与郁闭度在 4 个样地中最低有关。

5.2.2 多样性与环境间的关系

5.2.2.1 地形、土壤与 Shannon 指数相关分析

在群落多样性研究中，Shannon 指数较好照顾了物种多样性的二元特征。在分析多样性与环境因子的相关性时，选择 Shannon 指数为代表，建立地形、土壤物理因子和 Shannon 指数相关组。通过对 3 个组的典范相关分析，得到地形、土壤物理因子和各林层 Shannon 指数的组内简单相关系数（表 5-9）。Pearson 相关性双尾检验，各因子间相关性在 0.05 水平上均不显著，但仍表现出一定的相关性。

表 5-9 地形、土壤与各林层 Shannon 指数相关性

因子	Pd	Pw	Px	因子	Hs	Mg	Rz	因子	St	Ss	Sh
Pd	1			Hs	1			St	1		
Pw	0.345	1		Mg	−0.672	1		Ss	−0.542	1	
Px	0.623	−0.316	1	Rz	−0.705	−0.012	1	Sh	0.757	0.044	1

注：Pd-坡度，Pw-坡位，Px-坡向，Hs-土壤含水量，Mg-毛管孔隙度，Rz-土壤容重。St-乔木 Shannon 指数，Ss-灌木 Shannon 指数，Sh-草本 Shannon 指数。下同。

坡度、坡向、坡位等地形因子相关性之间无直接生态意义。土壤含水量与土壤毛管孔隙度、土壤容重相关性为负，相关系数分别为−0.672 和−0.705；土壤毛管孔隙度与土壤容重之间呈负相关，但相关性没有明显表现出来，仅为−0.012，这个可能与样地数量较少，取样数量不足有关；土壤 pH 除 P1 为 6.1 外，其他样地为 6.2，无显著比较意义。乔木层与草本层之间的 Shannon 指数相关系数为 0.757，说明草本层的 Shannon 指数受乔木层 Shannon 指数的影响较大；乔木层与灌木层 Shannon 指数的相关系数为−0.542，说明乔木层 Shannon 指数上升，在一定程度上引起灌木层 Shannon 指数下降。因此，当光照是植物生长的限制因素时，不同大小植株间的非对称竞争就有可能发生。

乔灌草层 Shannon 指数间相关性分析表明，随着群落的郁闭度逐渐增大，透光率减小，种间光竞争增强，一些灌木物种逐渐减少或被淘汰，林下的光照资源改善，草本层物种的组成结构发生相应改变。灌木层与草本层 Shannon 指数相关性很低，仅为 0.044，说明群落乔、灌、草 3 层空间结构中，耐阴的草本植物已经成为林下植被的主要成分，灌木群丛物种相对较少。

5.2.2.2 Shannon 指数、地形与土壤物理因子典范相关分析

运用典范相关分析，解释 Shannon 指数、地形与土壤物理因子两两之间的关系。3 组变量间各变量的两两相关矩阵见表 5-10。第 1 组典范相关系数中，乔木层 Shannon 指数与土壤含水量相关系数为 0.938，与土壤毛管孔隙度和容重呈负相关，分别为−0.719 和−0.671；灌木层 Shannon 指数与土壤容重相关系数为 0.941，与土壤含水量和土壤毛管孔隙度分别呈较低和低负相关性；草本的 Shannon 指数与土壤含水量相关系数为 0.601，与土壤毛管孔隙度相关系数为−0.943。第 2 组为地形因子与各林层 Shannon 指数的相关性，坡度与乔木、灌木层相关性不明显，与草本层相关性较高，为 0.820；坡位与草本 Shannon 指数相关系数较高，为 0.750。第 3 组典范相关系数表明，坡位与土壤含水量相关性较高，

为 0.722；坡位与土壤毛管孔隙度负相关性较高，为 0.925，其他因子间相关性不显著。3 组间两两相关典范相关系数均为 1.000，说明组间的相关性高于组内的相关性。采用 Bartlett 的 χ^2 检验，零假设对应的典范相关系数为 0。3 组间均只有第 1 组典范相关系数 $p=0$，具有统计学意义。因此，各组取第 1 列标准化典范系数，构成 3 组变量方程。

表 5–10　Shannon 指数、地形与土壤物理因子典范相关系数

第 1 组	St	Ss	Sh	第 2 组	Pd	Pw	Px	第 3 组	Hs	Mg	Rz
Hs	0.938	−0.484	0.601	St	0.322	0.633	0.299	pd	0.050	−0.656	0.371
Mg	−0.719	−0.192	−0.943	Ss	0.279	0.253	−0.431	pw	0.722	−0.925	−0.024
Rz	−0.671	0.941	−0.035	Sh	0.820	0.750	0.381	px	−0.039	−0.053	−0.171

表 5–11 中，土壤物理因子 $Tr1$ 与乔灌草 Shannon 指数 $Sh1$ 典范变量系数方程说明：毛管孔隙度越高、土壤含水量越高，乔木的 Shannon 指数越高，这与红椿群落的在该区域的分布环境相对应。4 个样地均位于河流两岸或水源充足且光照条件很好的地段，群落内主要乔木如香叶树（*Lindera communis* Hemsl.）、黑壳楠（*Lindera megaphylla* Hemsl.）等均很好适生于这些地段。地形因子与乔灌草 Shannon 指数典范变量 $Dx1$ 与 $Sh1'$ 的变量系数方程说明：坡度愈大，乔木层 Shannon 指数越低，而草本层 Shannon 指数越高，表明草本占据林下生态位宽度越大，同时各个种的相对密度越高，土壤毛管孔隙度越低。坡向系数越高，光照条件越好，乔木层 Shannon 指数越高，草本层 Shannon 指数越低。地形因子与土壤物理因子典范变量 $Dx1'$ 与 $Tr1'$ 系数方程说明：坡向、坡度与土壤容重的关系最密切。变量构成解释了光照条件越差的坡向，坡度越大，土壤容重越大。因此，土壤物理因子，尤其是土壤含水量，影响不同红椿样地林层的 Shannon 指数变化；地形因子则通过间接影响土壤物理因子和光照条件，影响群落不同林层的 Shannon 指数；反之，群落不同林层的 Shannon 指数变化，对土壤物理因子产生相应影响。

表 5–11　Shannon 指数、地形与土壤物理因子典范变量组成

对应变量	变量系数方程
土壤物理因子与乔灌草 Shannon 指数第一对典范变量	$Tr1=-0.664Hs-1.037Mg+0.320Rz$
	$Sh1=-0.671St+0.411Ss+1.058Sh$
地形因子与乔灌草 Shannon 指数第一对典范变量	$Dx1=-1.784Pd+0.789Pw+1.492Px$
	$Sh1'=0.685St-0.536Ss-0.797Sh$
地形因子与土壤物理因子第一对典范变量	$Dx1'=1.706Pd-1.310Pw-1.789Px$
	$Tr1'=0.687Hs+0.667Mg+1.462Rz$

5.2.3 研究结论与讨论

物种多样性强调一定区域内的物种数目和组成结构的多样化程度，他们受到不同环境条件的影响，其具体反映就是群落物种多样性的变化。建始青龙河天然红椿群落α多样性结果表明：丰富度指数为草本层>乔木层>灌木层，且草本层丰富度指数在不同群落间变化幅度最大。群落不同林层Shannon指数与均匀度指数均为草本层>乔木层>灌木层，说明群落中草本层所有物种个体出现的机会最高，乔木层各多样性指数均高于灌木层。群落光照条件改善，可能间接导致灌木层丰富度和均匀度指数下降，促进草本层Shannon指数和均匀度指数提高。

吴昊等(2013)在研究油松—锐齿槲栎混交林群落不同层次多样性特征与环境的关系后，得出海拔、坡向等地形因子对一定研究范围的群落多样性影响不大。4个红椿样地分散在近300 m海拔差范围，各多样性指数变化不明显。冶民生等(2004)提出：土壤、植被、地形因子三者互相作用，地形和土壤影响植被的α多样性和结构，反过来植被的群落结构也影响着土壤因子。通过对建始青龙河村红椿天然群落土壤物理因子、地形和Shannon指数三者之间的典范相关分析，得出三者间两两之间相关性很高。当三者互为自变量和因变量时，组间相互影响较大。因此，地形、土壤等环境因子在不同条件下对群落多样性的影响是不同的。

群落土壤养分变化是影响各层物种组成的重要环境因子，它可能与光照资源协同作用而使资源多样化实现多物种共存(王世雄 等，2010)。地形因子间接影响土壤物理因子，如土壤的容重及含水量，从而影响乔木层Shannon指数。而坡向条件满足乔木层光照条件时，较为复杂的群层结构可有助于促使土壤熟化，容重降低。乔木层的Shannon指数较高，群层结构复杂性高，可促进土壤毛管孔隙度的提高，有利于提高土壤质量；但过高的草本层Shannon指数与土壤毛管孔隙度有较大负相关性，降低土壤质量。坡度越大，土壤毛管孔隙度越低。在一定海拔范围内，坡位是影响林木生长的关键因子，它代表着光照、水分、养分等环境因素的生态梯度变化，直接影响着水肥的再分配(王世雄 等，2010)。红椿所在群落内坡位越高，土壤含水量越低，土壤毛管孔隙度越高。因此，地形因子通过改变土壤的相关物理因子而影响着群落内各林层的α多样性。

红椿群落物种α多样性的变化与生境条件密切相关，其影响因素除地形、土壤物理因素外，人为干扰等均对群落的α多样性也有一定的影响。本书研究对象为人为干扰后的次生林,经过40 a左右的恢复,状况良好,红椿为群落建群种和优势种。群落物种α多样性指数在垂直结构上均为:草本层>乔木层>灌木层。草本层需要的环境资源相对最少,生态位占据较大。乔木层以红椿为主,进入群落结构上层的红椿,对环境中的光照资源地占据能力最大,需要的其他环境资源也最大,主宰着群落环境的非对称竞争。群落上层红椿的优势特征影响到灌木层物种的生态宽度,造成灌木α多样性下降。这种特定的群落垂直结构代表了该区域红椿天然群落结构的典型特征。但是,由于红椿生理特征的局限性,受环境筛的选择也最明显。表现在红椿幼苗向幼树,以及幼树向成树过渡两个阶段,草灌层的多样性较高,构成相对复杂的群层结构,对于红椿种群的动态及结构产生较强的影响,也是造成红椿濒危的重要因素。

5.3 红椿群落物种多度分布

物种多度分布研究是对群落物种多样性的基本描述之一,是物种多样性研究的基础。物种多度分布反映了物种在一定时空尺度上的排列及多度格局,可用于探讨群落构建背后可能存在的生态学过程,从而进一步理解生态系统物种多样性的形成及维持机制。20世纪30年代至今,种—多度分布格局研究已经成为揭示群落组织结构和物种区域分布规律的重要手段。多种统计学模型,如对数级数模型(log-series model),对数正态模型(log-normal model)(Preston,1948),负二项分布模型(negative binomial distribution model),Weibull模型,旨在解释物种多度分布的机制。生态学模型如"断棍模型"(broken stick model),生态位重叠模型(overlapping niche model),生态位优先模型(niche preemption model),以及群落中性理论(neutral theory model),强调模型更多解释多度所包含的生态现象。

随着生态科学和计算机科学发展,研究者们已逐步将生态学原理融于数理统计科学,建立了具有生态学意义的多度格局研究模型。某些分布模型的参数或分布曲线的形状可作为群落研究的度量指标,可反映群落多样性的变化,这是单一的物种多样性指数无法企及的(Magurran,1988)。因此,对于认识一个群落来说,多度格局研究比多样性指数更有效(Tokeshi,1993)。多度研究结果不但是确定物种保护等级的基本依据,在生物多样性保护和管理中也具有重要意义(Tokeshi,1993)。我们采用3个生态位模型:分割线段模型、生态位优先模型和生态位重叠模型;3个统计学模型:对数级数模型、对数正态分布模型和Weibull分布密度函数,以及3种检验方法,对湖北8个红椿天然群落(咸丰横石梁、恩施马鹿河、宣恩肖家湾、建始青龙河、通山九宫山、黄石黄荆山、竹山洪坪和谷城玛瑙观)的乔木层、灌木层和草本层物种多度分布进行拟合和检验,旨在探求不同红椿群落的不同层次物种的组成以及多度分布规律,解释群落结构和群落演替。

生态学中多度测度指标已从个体数量扩展到广义多度,种—多度关系的拟合通常是以每一个种的个体数量为基础的。我们采用物种个体数作为拟合的多度。

5.3.1 拟合模型选择与检验

5.3.1.1 生态位模型

(1) BSM

又叫作断棍模型或随机生态位假说。BSM 是一种资源分配模型,物种多度的随机分配是沿着一维梯度进行的(MacArthur, 1957)。假设一个群落,含有 S 个物种,物种总多度为等于1的一条棍,在棍上随机设 $S-1$ 个点,把棍分割成 S 个部分,每部分长度表示各种的多度。将随机线段从最长到最短进行排列,相当于将物种从最常见到最罕见的排列。第 i 个种的多度 n_i 表示为:

$$n_i = \frac{N}{S} \sum_{x=i}^{S} \frac{1}{x} \tag{5-11}$$

式(5-11)中:S 为物种数;N 为群落内物种个体总数。以下同。

(2) ONM

ONM 仍然把群落生态位总量作为一条棍,每个种的多度等于棍上随机两点间的距离,各个种彼此独立。每个种在棍上取其所需资源比例,这样各个种之间有重叠,群落的总生态位或资源总量不再是1(MacArthur, 1957)。理论多度所对应的比例 P_i 计算模型为:

$$P_i = 1 - \frac{2i}{2i+1}(1 - P_{i+1}) \quad (i = S-1, S-2, S-3, \cdots) \tag{5-12}$$

式(5-12)中:由于 $P_i > 1$,需经过修正,即 P_i 除以全部 P_i 总和,使得 $P_i^1 = 1$。

(3) NPM

也称几何级数模型。NPM 假定一个群落 S 个物种,N 个个体,有限资源为1,多度最大种占用群落总生态位比额的 k 份,第2个种占用剩下的 k 份即 $k \times (k-1)$ 份,第3种再占用剩下的 k 份即 $k \times (k-1)^2$,依次类推(覃林 等,2009;Whittaker, 1972)。因此第 i 个多度种所占的个体数为:

$$n_i = N \frac{k(1-k)^{i-1}}{1-(1-k)^S} \quad (i=1, 2, 3\cdots) \tag{5-13}$$

待定参数设为 k 取值范围为 0~1 之间，通过式(5-14)中迭代求解：

$$\frac{n_{\min}}{N}_i = \frac{k(1-k)^{S-1}}{1-(1-k)^S} \quad (5-14)$$

式(5-14)中：$n_{\min}$ 为群落多度最小物种的个体数。

5.3.1.2 生物统计模型

(1) LSD

LSD 适合描述不含 0 的正整数，即没有个体存在的种不予考虑，这一模型对有 r 个个体的种的频度预测为(Fisher et al., 1943; 马克平 等, 1997)：

$$f_r = \frac{\alpha x^r}{r} \quad (r = 1, 2, 3, 4, \cdots) \quad (5-15)$$

式(5-15)中：α 可作为多样性指标，其值大于 0；x 是一个常数，界于 0 和 1 之间，可等于 1，其值与样方大小有关(Pielou, 1975)。参数 x 可通过下式迭代求解，再计算 α：

$$\frac{S}{N} = \frac{1-x}{x}[-\ln(1-x)]; \quad x = \frac{N}{\alpha + N} \quad (5-16)$$

(2) LND

LND 为左端截尾的对数正态分布，而非完整的对数正态分布，是 Preston(1948)在 1948 年引入物种多度研究的。群落物种多度从小到大的排序中，采用倍程方法，对物种多度观测频数分组(覃林 等, 2009)。表达形式：

$$S_{(R)} = S_0 \exp(-\lambda^2 R^2) \quad (5-17)$$

式(5-17)中：$S_{(R)}$ 为第 R 个倍程物种的数量；S_0 代表模型中的物种数最多倍程的物种数；λ 为正态分布曲线宽度的倒数，是一个与样本大小有关的参数，λ 值越大，曲线越瘦高，群落中物种分布越集中，反之 λ 值越小，群落中物种分布越离散。

(3) Weibull 分布密度函数(Weibull distribution model of density function，简称 WDM)。

$$f(x) = \frac{c}{b}\left(\frac{x-a}{b}\right)^{c-1} e\left[-\left(\frac{x-a}{b}\right)^c\right] \quad (a \geq 0, b > 0, c > 0) \quad (5-18)$$

式(5-18)中：$f(x)$ 为 x 多度级物种模拟频数；Weibull 分布的 3 个参数：a 为位置参数，b 为尺度参数，c 为形状参数。形状参数 c 参数能较好反映分布曲线的状况。当 $c<1$ 时，分布曲线呈倒 J 形分布；当 $1<c<3.6$ 时，曲线呈正偏山状分布；$c=3.6$ 时，曲线近似于正态分布；$c>3.6$ 时，分布曲线转向负偏山状分布。由于物种多度最小可以理解为零，故参数

a 定为 0,模型转换为 2 参数。参数 b、c 采用最大似然法求解(覃林,2009)。

5.3.1.3 模型拟合检验

(1)以个体数量作为物种的多度指标,分别采用 Kolmogorov-Smirnov(K-S)检验和卡方(χ^2)检验对上述 6 种模型拟合结果进行检验,显著性概率 P 设定为 0.01 和 0.05 两个水平,以确定最适模型。

(2) AIC 信息准则

1974 年,日本学者赤池弘治(Akaike)根据极大似然估计原理,提出 AIC 准则(Akaike information criterion)(Burnham et al., 2002)。AIC 是衡量统计模型拟合优良性的一种标准,建立在信息熵的概念基础上,可以权衡所估计模型的复杂度和优良性。表达式为:

$$\text{AIC} = 2\ln(L) + 2k \tag{5-19}$$

式(5-19)中:k 是参数的数量;L 为的极大似然函数。将 AIC 准则应用到回归模型的选择中,假定回归模型的随机误差服从独立正态分布,回归模型的 AIC 公式为:

$$\text{AIC} = 2k + n\ln(\text{RSS}/n) \tag{5-20}$$

式(5-20)中,n 表示样本量;RSS 表示残差平方和。AIC 准则提供了权衡模型复杂度和模型对数据描述能力优良性的标准,在模型拟合复杂度和采用似然函数对数据集描述最佳性之间寻求平衡。AIC 最小值所对应的模型包含最小自由参数,但可最好解释数据。

5.3.2 模型拟合与检验

5.3.2.1 生态模型分析

生态模型采用 BSM、ONM 和 NPM 对红椿群落的乔木、灌木和草本各层物种的多度进行拟合。AIC 值可用于选择最优模型,而不能通过 AIC 值拒绝某个模型。以 AIC 值相对较低,χ^2 检验和 K-S 检验同时接受($P>0.01$,$P>0.05$)为模型选择原则。

(1)分割线段模型检验

表 5-12 为 8 个红椿群落 BSM 拟合检验。BSM 的 χ^2 检验拒绝 7 个乔木层($P<0.01$)的拟合;仅接受谷城乔木层(AIC = 23.610,χ^2 检验 $P=0.171$,K-S 检验 $P=0.570$)多度拟合;接受咸丰、恩施、建始、竹山和谷城灌木层($P>0.05$)多度拟合;接受咸丰、建始和谷城草本层($P>0.05$)多度拟合。建始灌木层(AIC = 20.871,χ^2 检验 $P=0.881$,K-S 检验 $P=0.925$)多度拟合较好,其次为恩施灌木层(AIC = -1.732,χ^2 检验 $P=0.750$,K-S 检验 $P=0.215$);建始草本层(AIC = 29.115,χ^2 检验 $P=1.000$,K-S 检验 $P=0.907$)拟合最佳,其次为谷城草本层(AIC = 55.598,χ^2 检验 $P=0.991$,K-S 检验 $P=0.782$)的拟合。

（2）生态位重叠模型检验

表 5-13 为 8 个红椿群落 ONM 拟合检验。ONM 的 χ^2 检验拒绝 8 个乔木层（$P<0.01$）的拟合；拒绝咸丰、宣恩、通山和黄石灌木层（$P<0.01$）多度拟合；接受恩施、建始和谷城灌木层（$P>0.05$）多度拟合；ONM 的 χ^2 检验仅接受建始青龙河群落草本层（$P>0.05$）多度拟合。χ^2 检验接受的拟合模型再经过 K-S 检验和 AIC 值对比可知，恩施灌木层（AIC=7.096，χ^2 检验 $P=0.977$，K-S 检验 $P=0.621$）拟合最佳，其次为谷城灌木层（AIC=31.983，χ^2 检验 $P=0.925$，K-S 检验 $P=0.954$）的拟合；建始草本层（AIC=20.871，χ^2 检验 $P=0.885$，K-S 检验 $P=0.763$）拟合最佳。

（3）生态位优先模型检验

表 5-14 为 NPM 拟合检验。k 值通常与群落物种数大小相关，k 值越小，群落物种数越多；k 值越大，群落中优势种的优势度越明显，群落的均匀度越小（高利霞等，2011）。恩施乔木层 k 值最低（0.073），物种最多（33）；咸丰群落 k 值最大（0.251），物种数最少（12）。恩施群落灌木层和草本层的 k 值均最小（0.101，0.075）。AIC、χ^2 和 K-S 检验结果表明：NPM 能较好地拟合建始乔木层（AIC=34.177，χ^2 检验 $P=0.762$，K-S 检验 $P=0.734$）多度；接受咸丰、恩施和建始的灌木层（χ^2 检验和 K-S 检验 $P>0.05$）多度拟合，其中恩施灌木层（AIC=0.503，χ^2 检验 $P=1.000$，K-S 检验 $P=0.621$）拟合最优；接受咸丰、宣恩、建始和谷城草本层（χ^2 检验和 K-S 检验 $P>0.05$）拟合，NPM 对建始群落草本层（AIC=25.087，χ^2 检验 $P=1.000$，K-S 检验 $P=0.997$）拟合最佳。

（4）生态位模型拟合图

以不同层物种从常见到稀有的顺序为横坐标，以多度的观测值和拟合值为纵坐标，绘制红椿群落乔灌草层 3 种生态拟合曲线如图 5-7。从图 5-7 可看出：ONM 分布曲线与实际观察曲线较为接近的仅有恩施灌木层，表明其拟合效果较好。BSM 对咸丰草本层、恩施灌木层、建始灌木层和草本层，谷城的灌木层和草本层拟合较好。NPM 对咸丰灌木层、宣恩草本层、建始乔木、灌木与草本层，以及通山草本拟合较好。总体而言，NPM 对不同群落不同林层的拟合效果较好的最多，其次为 BSM，而 ONM 拟合效果较差。图 5-7 较为直观地反映了种的数目和个体数量，种的数目和个体数量总体上表现为：草本层>乔木层>灌木层；红椿作为优势种，具有较高多度；灌木层和草本层优势种多度依次下降，均匀度逐渐增大（曲线陡度）。

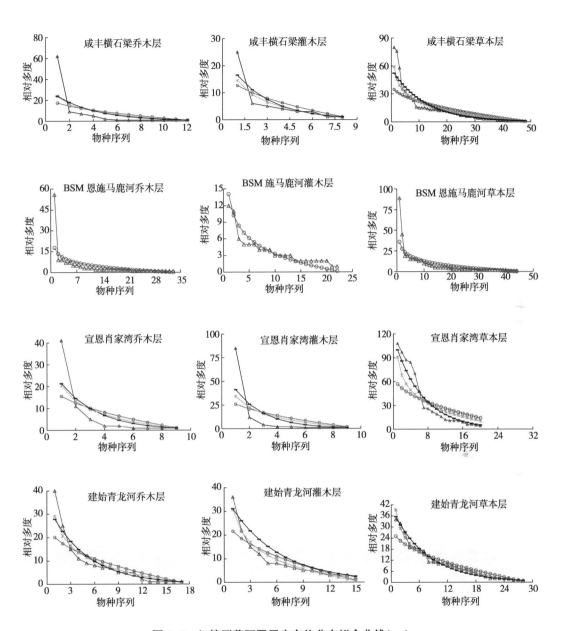

图 5-7 红椿群落不同层生态位分布拟合曲线(一)

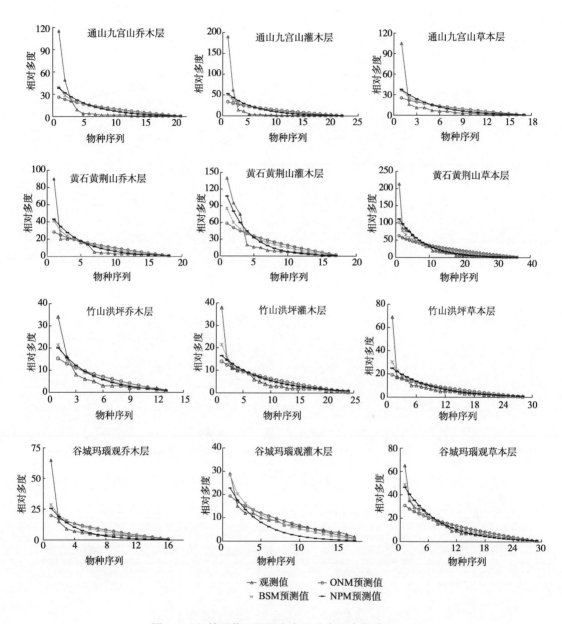

图 5-7 红椿群落不同层生态位分布拟合曲线（二）

表 5-12 分割线段模型的拟合检验结果

群落	乔木层				灌木层				草本层			
	AIC	χ^2	P	D	AIC	χ^2	P	D	AIC	χ^2	P	D
咸丰横石梁	35.460	85.403	0.000**	0.500	13.524	11.493	0.119	0.302	127.440	57.569	0.118	0.146
恩施马鹿河	68.618	107.595	0.000**	0.303	-1.723	15.451	0.750	0.318	123.690	123.715	0.000**	0.250
宣恩肖家湾	34.193	32.791	0.000**	0.444	34.273	111.607	0.000**	0.556	74.452	145.828	0.000**	0.258
建始青龙河	23.452	97.366	0.000**	0.235	20.871	8.933	0.881	0.200	29.115	5.373	1.000	0.107
通山九宫山	73.536	233.871	0.000**	0.524	94.366	525.396	0.000**	0.591	63.278	162.055	0.000**	0.294
黄石黄荆山	63.636	81.728	0.000**	0.333	73.895	130.953	0.000**	0.353	155.090	226.453	0.000**	0.333
竹山洪坪	23.610	15.250	0.171	0.308	38.133	22.603	0.424	0.208	78.115	62.320	0.000**	0.179
谷城玛瑙观	49.757	62.108	0.000**	0.250	24.073	11.381	0.785	0.235	55.598	12.746	0.991	0.172

**P < 0.01,*P < 0.05,不符合分割线段模型。

表 5-13 生态位重叠模型的拟合检验结果

群落	乔木层				灌木层				草本层			
	AIC	χ^2	P	D	AIC	χ^2	P	D	AIC	χ^2	P	D
咸丰横石梁	34.590	145.426	0.000**	0.500	16.122	16.896	0.010**	0.375	17.540	196.464	0.000**	0.208
恩施马鹿河	61.746	209.778	0.000**	0.394	7.096	9.482	0.977	0.227	125.93	296.216	0.000**	0.341
宣恩肖家湾	15.542	58.389	0.000**	0.556	33.889	178.197	0.000**	0.556	58.252	298.703	0.000**	0.323
建始青龙河	35.777	33.757	0.004*	0.235	34.177	17.689	0.170	0.321	20.871	17.749	0.885	0.179
通山九宫山	73.640	423.338	0.000**	0.571	91.710	911.714	0.000**	0.636	61.049	297.034	0.000**	0.412
黄石黄荆山	63.711	170.221	0.000**	0.444	78.573	263.113	0.000**	0.412	167.30	566.587	0.000**	0.389
竹山洪坪	27.546	33.610	0.000**	0.385	43.726	55.318	0.000**	0.333	76.884	148.464	0.000**	0.250
谷城玛瑙观	48.666	123.206	0.000**	0.375	31.983	8.720	0.925	0.176	79.706	59.879	0.000**	0.241

**P < 0.01,*P < 0.05,不符合生态位重叠模型。

表5-14 生态位优先模型参数及拟合检验结果

群落	乔木层					灌木层					草本层				
	k	AIC	χ^2	P	D	P	k	AIC	χ^2	P	D	P	k	AIC	χ^2	P	D	P
咸丰横石梁	0.251	38.560	83.992	0.000**	0.500	0.100	0.330	17.127	8.116	0.230	0.250	0.964	0.081	13.820	57.680	0.116	0.146	0.687
恩施马鹿河	0.073	60.610	193.582	0.000**	0.364	0.025*	0.101	0.503	3.993	1.000	0.227	0.621	0.075	140.77	175.328	0.000**	0.227	0.206
宣恩肖家湾	0.318	35.734	28.479	0.000**	0.444	0.336	0.372	37.409	76.327	0.000**	0.444	0.336	0.142	70.896	38.328	0.115	0.194	0.607
建始青龙河	0.188	34.177	10.865	0.762	0.235	0.734	0.218	20.897	14.762	0.322	0.267	0.660	0.124	25.087	6.446	1.000	0.107	0.997
通山九宫山	0.167	81.880	226.500	0.000**	0.476	0.017*	0.173	104.440	478.715	0.000**	0.545	0.003**	0.202	69.946	155.012	0.000**	0.294	0.454
黄石黄荆山	0.199	72.025	70.615	0.000**	0.222	0.766	0.254	75.918	52.440	0.000**	0.176	0.954	0.126	182.06	117.381	0.000**	0.139	0.878
竹山洪坪	0.221	27.462	16.420	0.126	0.231	0.879	0.115	45.011	35.377	0.035*	0.250	0.441	0.112	86.473	89.190	0.000**	0.214	0.541
谷城玛瑙观	0.198	49.004	86.085	0.000**	0.312	0.415	0.175	30.073	114.511	0.000**	0.471	0.046*	0.128	80.517	17.012	0.931	0.172	0.782

** $P< 0.01$,* $P< 0.05$,不符合生态位优先模型。** $P< 0.01$,* $P<0.05$, not conforming to NPM.

5.3.2.2 统计学模型分析

(1) 统计学模型拟合

对湖北8个红椿天然群落乔木、灌木和草本层物种多度分布拟合,求得各层次物种LSD、LND和WDM参数(表5-15)。

表5-15 对数级数分布、对数正态分布和Weibull分布模型的参数

群落	植被层	对数级数分布模型[1]		对数正态分布模型[2]		Weibull分布模型[3]	
		x值	α值	S_0值	λ值	b值	c值
咸丰横石梁	乔木层	0.962	3.684	2.272	0.235	3.098	1.635
	灌木层	0.946	2.740	1.874	0.319	3.732	2.543
	草本层	0.981	12.054	5.628	0.291	4.715	2.542
恩施马鹿河	乔木层	0.914	13.438	7.282	0.310	3.039	2.114
	灌木层	0.897	9.698	8.474	0.677	3.486	3.519
	草本层	0.965	13.132	8.687	0.325	4.015	2.513
宣恩肖家湾	乔木层	0.958	2.836	1.836	0.210	3.387	1.703
	灌木层	0.979	2.327	1.494	0.175	3.432	1.568
	草本层	0.991	6.624	4.151	0.195	5.101	2.157
建始青龙河	乔木层	0.966	5.007	3.146	0.366	4.150	2.305
	灌木层	0.970	4.264	3.515	0.435	4.648	3.687
	草本层	0.973	7.740	4.160	0.274	4.712	2.879
通山九宫山	乔木层	0.975	5.675	3.459	0.232	3.329	1.644
	灌木层	0.982	5.446	3.371	0.203	3.050	1.485
	草本层	0.975	4.603	2.686	0.224	3.828	2.012
黄石黄荆山	乔木层	0.979	4.680	3.127	0.274	4.433	2.420
	灌木层	0.992	3.566	2.536	0.245	5.336	2.340
	草本层	0.992	7.421	6.583	0.240	5.216	2.206
竹山洪坪	乔木层	0.954	4.233	2.218	0.317	3.951	2.516
	灌木层	0.942	8.450	4.882	0.335	3.654	2.322
	草本层	0.962	8.586	4.135	0.349	4.032	2.359
谷城玛瑙观	乔木层	0.966	4.723	3.200	0.326	4.027	2.833
	灌木层	0.960	6.036	4.897	0.542	4.498	4.585
	草本层	0.980	7.451	5.729	0.375	4.858	3.060

1) 对数级数分布模型参数:x常数;α可作为多样性指数。

2) 对数正态分布模型参数:S_0为模型倍程的物种数;λ为分布曲线宽度参数。

3) Weibull分布模型参数:b为尺度参数;c为曲线形状参数。

LSD 参数 α 代表物种多样性(Magurran et al.，2003)，可体现不同林层的特点，表现群落间多样性差异。由表 5-15 可知，不同群落乔、灌和草层 α 值最大均为恩施(13.438，9.698，13.132)；乔木层最小为宣恩(2.836)；灌木层最小为宣恩 (2.327)；草本层最小为通山(4.603)。α 值较小时，富集种较稀有种多，说明了多样性高对稀有物种的保存是有积极意义的(任萍 等，2009)。

LND 拟合中，8 个红椿群落不同林层的倍程在 5~9 级之间，物种个体数在不同倍程分布不同。乔灌草层的模式倍程 S_0 对应的物种拟合最大值均为恩施群落(7.782，8.474 和 8.687)；宣恩群落乔灌草层相对最少(1.836，1.494 和 4.151)。λ 为 LND 曲线宽度的倒数，取值越大，物种分布越集中。建始乔木层 λ 值最大(0.366)，恩施灌木层 λ 值最大(0.677)，谷城草本层 λ 值最大(0.375)。相对而言，不同红椿群落灌木层物种分布最集中。

WDM 拟合仍采用倍程分组方法(Preston，1948；覃林 等，2009)，其倍程与 LND 倍程一致。因物种多度最小可以理解为 0，故参数 a 定为 0，使模型变为两参数 Weibull 模型(Preston，1948；覃林，2009)。参数 b 并非完全反映倍程分组的大小，因为 b 可能受取样面积的制约(覃林 等，2009)。形状参数 c 可以作为反映群落物种多样性特征的具有一定生态学意义的指标(吴承祯 等，2004)，同时能较好地反映拟合曲线的类型。从表 5-15 可知，除建始灌木层($c=3.687$)和谷城灌木层($c=4.585$)为负偏山状分部，其他群落乔灌草层 WDM 的参数 c 均满足：$1<c<3.6$，表明曲线呈正偏山状分布(如图 5-8)，说明物种多度分布不均匀，物种组成以少数几个种为主，群落中的多数种个体数量较少，与调查中大部分群落实际情况接近(乔灌草的平均均匀度指分别为 0.674，0.704 和 0.789)。

通过乔灌草层物种丰富度、Shannon 指数和 Pielou 指数 E 与不同统计模型参数的相关性分析(见表 5-16)可知：LSD 参数 α 与物种丰富度 S($R=0.884$)和 Shannon 指数 H($R=0.784$)极显著相关，与均匀度 E($R=0.485$)显著相关，表明 LSD 分布模型中，α 值较为有效地反映了群落多样性(Magurran，1988；McGill，2010)。LND 的 λ 值与 Shannon 指数 H 显著相关($R=0.495$)，与均匀度指数 E 极显著相关($R=0.711$)，表明模型中物种分布的集中趋势与物种多样性指数是一致的。WSM 的尺度参数 b 与 Shannon 指数 H($R=0.548$)和均匀度指数 E($R=0.550$)极显著相关；c 值与物种丰富度 S 相关性很低($R=0.070$)，但与 Shannon 指数 H 极显著相关($R=0.571$)，与均匀度指数 E 相关性最高($R=0.804$)，这与吴承祯(2004)等对性状参数 c 值的研究结果相同。

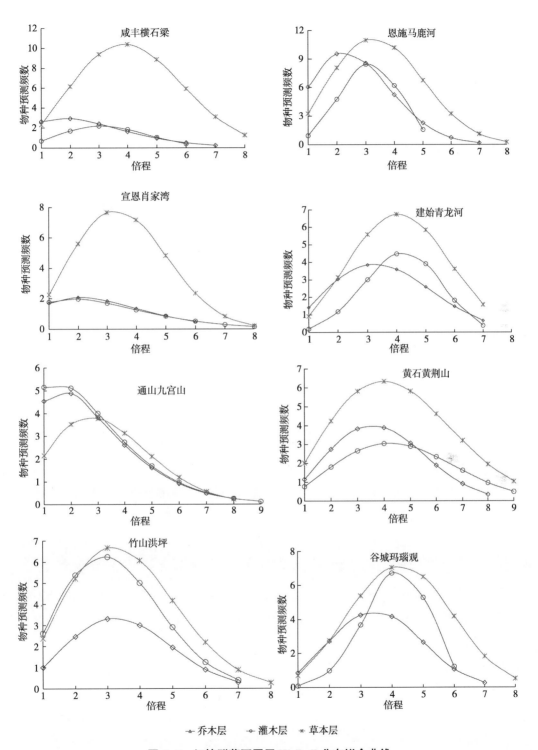

──△── 乔木层　──○── 灌木层　──✳── 草本层

图 5-8　红椿群落不同层 Weibull 分布拟合曲线

表 5-16 物种多样性指数与统计模型参数相关性分析

模型参数与多样性指数	α 值	λ 值	b 值	c 值	丰富度 S	Shannon 指数 H	均匀度 E
α 值	1.000						
λ 值	0.293	1.000					
b 值	0.034	0.044	1.000				
c 值	0.177	0.831**	0.427*	1.000			
丰富度 S	0.884**	0.027	0.344	0.070	1.000		
指数 H	0.784**	0.495*	0.548**	0.571**	0.791**	1.000	
均匀度 E	0.485*	0.711**	0.550**	0.804**	0.410*	0.872**	1.000

* $P<0.05$; ** $P<0.01$。

(2) 统计学模型检验

由表 5-17 可知,8 个红椿群落乔木、灌木和草本层 LSD 拟合,经 AIC、χ^2 和 K-S 检验表明:LSD 接受恩施乔木层(AIC = 10.414,χ^2 和 K-S 检验 P 值分别为 0.184 和 0.938)、宣恩乔木层(AIC = -13.324,χ^2 和 K-S 检验 P 值分别为 0.184 和 0.329)和谷城乔木层(AIC = 6.805,χ^2 和 K-S 检验 P 值分别为 0.130 和 0.055)多度拟合;接受宣恩灌木层(AIC = -12.506,χ^2 和 K-S 检验 P 值分别为 0.073 和 0.329)和竹山灌木层(AIC = 11.962,χ^2 和 K-S 检验 P 值分别为 0.123 和 0.076)多度拟合;通山草本层(AIC = -5.972,χ^2 检验 P = 0.771,K-S 检验 P = 0.124)遵从 LSD 拟合。

表 5-18 为 LND 拟合检验结果。LND 较好拟合了多数红椿群落的多数乔灌草层多度分布拟合,与其他学者研究的而结果相同(Preston,1948;高利霞等,2011;Magurran et al.,2003)。LND 可以解释 8 个红椿群落的乔木层多度分布,但不适合用来解释通山灌木层(χ^2 检验 $P<0.05$)、咸丰和谷城草本层(χ^2 检验 $P<0.05$)的多度分布。以 AIC 值最低、χ^2 和 K-S 检验 P 值最大原则综合选择:LND 对宣恩群落乔木层(AIC = -11.393,χ^2 和 K-S 检验 P 值分别为 0.647 和 0.541)拟合较好;对恩施灌木层(AIC = -2.166,χ^2 和 K-S 检验 P 值分别为 0.750 和 1.000)拟合最优;对通山群落草本层(AIC = -14.818,χ^2 检验 P = 0.675,K-S 检验 P = 0.627)拟合最优。

WDM 拟合检验见表 5-19。WDM 仅拒绝宣恩红椿群落草本层(χ^2 检验 P = 0.000)多度拟合,接受其他不同群落的乔灌草层多度分布拟合,实际观测值与模型拟合值无明显差异(χ^2 和 K-S 检验 $P>0.05$)。因此,WDM 对不同红椿群落乔灌草层拟合范围最广。8 个红椿

表 5-17 对数级数分布模型拟合检验结果

群落	乔木层					灌木层					草本层				
	AIC	χ^2	P	D	P	AIC	χ^2	P	D	P	AIC	χ^2	P	D	P
咸丰横石梁	0.446	4.790	0.029*	0.667	0.139	-0.106	2.169	0.141	0.833	0.031*	20.226	4.086	0.130	0.652	0.000**
恩施马鹿河	10.414	4.841	0.184	0.286	0.938	17.477	9.344	0.009**	0.375	0.627	34.111	17.273	0.002**	0.467	0.076
宣恩肖家湾	-13.324	1.768	0.184	0.600	0.329	-12.506	3.215	0.073	0.600	0.329	-9.831	0.880	0.664	0.700	0.000**
建始青龙河	0.850	0.912	0.340	0.800	0.003**	-10.443	2.778	0.096	0.818	0.001**	18.118	5.462	0.065	0.647	0.002**
通山九宫山	-5.817	6.734	0.010*	0.500	0.270	-0.775	14.603	0.001**	0.500	0.270	-5.972	0.085	0.771	0.556	0.124
黄石黄荆山	7.797	6.257	0.012*	0.556	0.124	-19.318	0.116	0.733	0.929	0.000**	12.099	6.225	0.045*	0.684	0.000**
竹山洪坪	5.419	4.653	0.031*	0.625	0.088	11.962	4.196	0.123	0.545	0.076	7.066	1.922	0.383	0.571	0.021*
谷城玛瑙观	6.805	2.288	0.130	0.600	0.055	9.309	5.022	0.025*	0.667	0.001**	17.659	4.829	0.098	0.647	0.002**

** $P < 0.01$，* $P < 0.05$，不符合对数级数分布模型。

表 5-18 对数正态分布模型拟合检验结果

群落	乔木层					灌木层					草本层				
	AIC	χ^2	P	D	P	AIC	χ^2	P	D	P	AIC	χ^2	P	D	P
咸丰横石梁	-6.703	4.805	0.308	0.286	0.938	-10.580	2.258	0.521	0.500	0.441	6.253	29.558	0.000**	0.375	0.627
恩施马鹿河	2.588	4.651	0.325	0.286	0.938	-2.166	0.575	0.750	0.200	1.000	9.592	7.420	0.191	0.250	0.964
宣恩肖家湾	-11.393	2.487	0.647	0.429	0.541	-13.510	3.870	0.568	0.375	0.627	20.070	3.403	0.638	0.500	0.270
建始青龙河	-0.769	7.485	0.112	0.286	0.938	-8.187	3.430	0.489	0.286	0.938	-2.433	5.175	0.395	0.286	0.938
通山九宫山	-1.869	6.955	0.224	0.375	0.627	-1.555	13.589	0.035*	0.333	0.699	-14.884	3.161	0.675	0.375	0.627
黄石黄荆山	-0.724	9.418	0.094	0.250	0.964	-6.386	8.038	0.235	0.222	0.979	13.077	8.273	0.219	0.444	0.336
竹山洪坪	-8.747	5.416	0.247	0.143	1.000	1.552	5.409	0.248	0.286	0.938	-1.991	9.175	0.102	0.125	1.000
谷城玛瑙观	3.268	5.979	0.201	0.429	0.541	-0.379	3.190	0.363	0.333	0.893	2.112	4.507	0.048*	0.250	0.964

** $P < 0.01$，* $P < 0.05$，不符合对数正态分布模型。

群落中，WDM 对宣恩乔木层（AIC = -9.658，X^2 检验 P = 0.696，K-S 检验 P = 0.938）、恩施灌木层（AIC = -3.813，X^2 检验 P = 0.616，K-S 检验 P = 1.000）、通山草本层（AIC = -8.659，X^2 检验 P = 0.587，K-S 检验 P = 0.964）和竹山草本层（AIC = -1.096，X^2 检验 P = 0.594，K-S 检验 P = 1.000）拟合最优。

WDM 拟合曲线如图 5-8。WDM 可直观表达群落不同层次多度分布的差异。除通山群落草本层外，其他群落的草本物种数均最高；咸丰和恩施乔灌草层物种数为：草本层>灌木层>乔木层；宣恩灌木层与草本层物种数相近；建始、竹山和谷城的物种数排列为：草本层>乔木层>灌木层。WDM 拟合曲线与观测统计结果一致，该模型很好拟合了红椿不同群落不同林层的多度分布。

5.3.3 研究结论与讨论

红椿是强阳性树种，自然条件下多栖居于溪流、沟谷或林缘向阳处，以满足强光照需求维持自身碳素平衡。本研究中，红椿为全部研究群落的建群种和优势种，已达到林冠上层，森林郁闭度均较高。但特定立地条件使得林内光照环境相对较好，草本层物种丰富度较高，灌木层却受到限制，也限制了红椿幼苗的更新。如无人为干扰，群落将向顶极发展，部分群落逐渐老化，但会形成更稳定的、能充分利用环境资源的群落结构。

通过对湖北红椿天然群落物种多度分布格局进行拟合和对比分析可知，由于不同模型解释群落的生态实际学意义不同，且拟合效果千差万别，只有多模型拟合和多种统计检验结合，才能确定最优拟合分布模型。

5.3.3.1 生态位模型对比

BSM 是指群落中缺乏相对重要性极强的物种，群落中物种并不丰富，但在生态位上的分布相对均匀（高利霞 等，2011）。Magurran 曾经指出，BSM 只有在物种多度近于相等的群落拟合效果较好（May，1975），这解释了为何多数红椿群落乔木层不能接受 BSM 拟合检验。红椿为乔木层重要性极强的物种，占据林冠的红椿必然削弱了其他乔木物种的竞争优势；而灌木层物种丰富度较低，生态位分布较为均匀，多数可以接受 BSM 拟合检验；草本层丰富度较高，仅 3 个均匀度 E 最高的群落咸丰（E = 0.846）、建始（E = 0.885）和谷城（E = 0.861）群落，其草本层接受 BSM 拟合与检验。

群落不同物种间因为长期共同利用自然资源，生态位必然会产生不同程度的重叠，这正是复杂种间关系在空间分布和数量上的体现。张金屯（1999）运用 ONM 拟合美国纽约州落叶阔叶林种的多度数据，认为 ONM 既适用于简单群落又适用于复杂群落。ONM 拟合群

表 5-19 Weibull 分布模型拟合检验结果

群落	乔木层				灌木层				草本层			
	AIC	χ^2	P	D	P	AIC	χ^2	P	D	P	AIC	χ^2	P	D	P
咸丰黄石梁	-1.512	5.171	0.160	0.286	0.938	-5.103	2.649	0.266	0.333	0.983	17.540	9.147	0.103	0.250	0.964
恩施马鹿河	-2.212	5.147	0.161	0.143	1.000	-3.813	0.252	0.616	0.200	1.000	9.164	4.647	0.326	0.250	0.964
宣恩肖家湾	-9.658	1.443	0.696	0.286	0.938	-10.564	6.555	0.161	0.250	0.964	17.687	118.234	0.000**	0.375	0.627
建始青龙河	3.592	5.395	0.145	0.286	0.938	-2.259	2.700	0.440	0.286	0.938	6.767	2.543	0.468	0.286	0.938
通山九宫山	-0.216	5.077	0.407	0.375	0.627	1.495	11.308	0.079	0.222	0.979	-8.659	3.741	0.587	0.250	0.964
黄石黄荆山	3.323	7.480	0.113	0.125	1.000	-1.048	7.575	0.181	0.333	0.699	9.211	4.750	0.447	0.333	0.699
竹山洪坪	-3.770	3.560	0.313	0.143	1.000	6.175	5.122	0.163	0.286	0.938	-1.096	3.698	0.594	0.125	1.000
谷城玛瑙观	-1.869	4.450	0.217	0.417	0.591	-2.742	2.598	0.273	0.167	1.000	4.900	2.700	0.609	0.250	0.964

**$P<0.01$,* $P<0.05$,不符合 Weibull 分布模型。

落物种相互间的依赖性不强，但是各个种之间的生态位可能有重叠，不同物种利用资源的差异性不显著（冯云 等，2007）。恩施、建始和谷城红椿群落灌木层均匀度 E 分别为 0.930、0.871 和 0.916，建始草本层均匀度 $E=0.885$，均在各自群落内不同林层最高，因此，ONM 在解释以上 4 个不同层次时拟合效果很好（表 5-13，图 5-7）。

NPM 仅适合于研究物种贫乏的环境或者群落演替的早期阶段（Hubbell，2001）。红椿为乔木层优势物种，其平均个体总数占全木乔木的 45.56%，且基本占据林冠上层，有绝对资源优势。在丰富度相对较高的草本层共同构建的竞争环境下，灌木层物种的生态位需求不会得到充分的满足，灌木层的物种个体数量上的优势没有得到足够的发展。因此，NPM 较为适宜解释红椿群落灌木层的多度分布（表 5-14，图 5-7）。

生态位模型拟合检验表明：BSM 可适用于不同群落 1 个乔木层、5 个灌木层和 3 个草本层的物种多度拟合；ONM 仅适用 3 个灌木层和 1 个草本层的多度分布拟合；NPM 可适用 2 个乔木层、3 个灌木层和 3 个草本层的多度分布拟合。不同模型拟合广度和优度排序为 BSM>NPM>ONM。

5.3.3.2 统计学模型对比

Motonura 于 1932 年首次利用 LSD 拟合了湖泊底栖动物的物种多度分布（Motonura，1932）。LSD 中参数 α 作为物种多样性指标，能有效表征群落间多样性差异。α 对稀有种或常见种多度变化不敏感，而对群落中等多度的物种数较为敏感（Kempton et al.，1974）。对红椿群落 Shannon-Weiner 指数 H、均匀度 E、丰富度 S 与 LSD 拟合检验结果进行对比分析，未发现 LSD 与群落富集种或稀少种数存在明显关系，可能与多度方式的选择或调查取样有关。LSD 对红椿群落多度拟合效果较差，但国内许多学者用 LSD 对不同群落多度拟合（高利霞 等，2011；谢晋阳 等，1997），却取得了较好效果。

LND 对数正态分布本身是随机过程的产物，物种丰富且分布较均匀的群落，其物种多度分布更符合 LND 拟合。红椿群落乔灌草的均匀度 E 的均值为 0.789、0.704 和 0.674，分布较为均匀，因而 LND 对群落具有较好的拟合广度和优度。

WDM 具有实用性和可操作性，且通过物种多度分布的 WDM 分布曲线比较，能够实现对同一群落不同层间或不同群落间的物种多样性全面而细致的刻画（覃林 等，2009）。本研究发现 WDM 的尺度参数 b、形状参数 c 与群落 Shannon 指数 H 和均匀度 E 极显著相关，表明 WDM 在解释群落物种多度分布中，不仅对群落的拟合效果最佳，也可解释群落组成与构建的生态学含义，这与其他学者的研究相吻合（吴承祯 等，2004）。

3 种统计学模型拟合广度和优度排列为 WDM>LND>LSD。比较而言，统计学模型对湖北红椿群落物种多度分布拟合优于生态位模型。

研究认为，统计学和生态位模型研究物种多度，均具有生态学意义，比单纯的多样性研究更能全面反映群落特征。将生态位模型和统计学模型结合，拟合不同群落层次物种的多度分布，同时高效检验不同模型对层次的拟合效果，可以更好解释红椿群落结构、数量特征以及资源状况。

CHAPTER 06

Germplasm Resources of *Toona ciliata* Roem.

红椿天然林优树选择

优树是建立种子园最重要的基础材料,也是树木多层次遗传的最基本材料。优树质量的好坏直接关系到遗传增益的大小和种子园建设的成败。优树选择是有针对性地对目标性状进行高强度的选择,是短时期内提高林木遗传品质的有效手段。为了获取优良的种质资源,对表型优异的优树进行选择,最理想的前提是树龄一致,立地条件相同,无负向选择的优良林分。林业科技工作者对不同树种天然林优树选择做过大量研究。刘志龙等(2014)对顶果木天然林进行优树选择,对候选优良单株生长数量指标采用基准线法,以 5 a 为 1 个龄级,实测并计算出该林分优树树高、胸径及材积的基准线,采用数量指标与形质指标相结合的方法确定优树。庞正轰等(2011)通过确定西南桦优质天然林分,预选各项指标优秀,且材积比林分平均值(对比木)达 250%以上和树干通直的植株作为候选优树。在此基础上,再选出材积比候选优树平均值达 80%以上的植株作为采种优树。唐岚等(2013)进行鄂西大叶杨天然林优树选择研究时,采用比树法目测确定表现型较优的单株为候选单株,再对单株所属年龄区段按 5 a 分级,确定树高和胸径的综合评分标准,筛选候选优树。在总结前人天然林选优方法基础上,我们针对鄂西北红椿天然林开展优树选择技术研究,设定生长量基准线,同时结合形质评分,综合选择红椿优良表型性状植株。选择方法对于开发与利用优良红椿种质资源具有重要实用价值。

自 2013 年开始,湖北红椿种质资源团队对在湖北省红椿天然分布区开展了红椿种质资源收集和优树选择工作。在全面调查基础上,有针对性的以材积和表型优异为目标性状进行高强度的优树选择,初步制定出红椿选优的标准。

6.1 选优指标

采用 3~5 株优势木对比法和小标准地法分别确立两种选优方式(陈晓阳和沈熙环,2005)。选优指标包含候选树的数量指标、优树形质指标。

数量指标包括树龄(采用瑞典 Haglof CO500 树木生长锥实测)、树高、胸径、平均冠幅、第一活枝下高、分枝角、枝粗细、树皮厚度。

形质评价包含圆满度、通直度、冠形、生长势、健康状况、结实情况等。

① 树干通直度:Ⅰ级通直(1.00);Ⅱ级近基部弯曲(0.67);Ⅲ级上下都弯曲(0.33)。

② 圆满度:圆满、中等、差。

③ 结实状况:多、中、少、无。

④ 健康状况:健康、一般、病虫害。

⑤ 生长势：优良、正常、衰弱、濒危。

6.2 鄂西北优树选择

6.2.1 基准线法

竹山县和谷城县红椿天然分布资源是调研过程中新发现的，在此基础上以速生丰产和形质优良为选优目标，进行红椿天然林优树选择。

谷城、竹山等3块林地环境条件较为接近，且为保存较为完好的天然次生林，林分优良。除竹山红椿群落郁闭度为0.4外，谷城2个红椿群落郁闭度均在0.6以上。红椿优树选择以速生丰产、形质优良的单株木为选择目标，初选出优良候选植株。采用生长锥实测树龄，以3 a和4 a两个龄级间隔分组，实测胸径、树高、平均冠幅、干形、枝下高、枝粗细、分枝角7个优树指标，预选候选优树共47株。根据胸径、树高、材积回归方程计算材积。考虑在异龄林中进行优树选择，优树与优势木年龄不一致，根据红椿年龄和胸径曲线回归方程（龙汉利 等，2011）：$D=2.0366\ln A^{0.7841}$，$R^2=0.7595$；$H=7.0649\ln D^{-6.1274}$，$R^2=0.6971$，确定年生长量。校正值＝预选优树材积－（年生长量×树龄差）（陈晓阳和沈熙环，2005），经过校正，确定红椿优树的树高、胸径及材积基准线。形质指标采用评分法，通过主成分分析法，根据各主要因子特征根和贡献率筛选主要形质因子并计算权重，通过形质性状得分的单样本t检验，确立评分上下限值。最后综合生长量和形质评分选出优树。

6.2.2 数据分析与计算

6.2.2.1 单株材积计算

采用形率法计算单株材积（V）（孟宪宇，1996）：$V=\pi\times(d_{1.3}/2)^2 h\times f_{1.3}$，式中：$\pi$取值3.14159；$d_{1.3}$为胸径；$h$为树高；$f_{1.3}$为希费尔（Schiffel）胸高形数。由于野外环境限制，调查时缺乏红椿中央直径$d_{1/2}$，为计算方便，$f_{1.3}$取值0.5。

优树生长量采用刘志龙等（2014）提出的基准线法。

$$D=\overline{D}+SD,\ \overline{D}=[\sum_{i}^{n}(D_i/A_i)]/n \tag{6-1}$$

$$H=\overline{H}+SD,\ \overline{H}=[\sum_{i}^{n}(H_i/A_i)]/n \tag{6-2}$$

式（6-1）(6-2)中：D、H分别为胸径、树高基准线值；SD为标准差；$\overline{D}$、$\overline{H}$分别为预选优树

胸径、树高年生长量的平均值；D_i、H_i、A_i 为预选优树胸径、树高、树龄；n 为实测株数。

6.2.2.2 形质指标的标准化

采用多目标决策一维比较法，对候选优树形质指标进行标准化处理。

$$Y=1-0.9\times(V_{max}-V)/(V_{max}-V_{min}) \qquad (6-3)$$

$$Y=1-0.9\times(V-V_{min})/(V_{max}-V_{min}) \qquad (6-4)$$

式(6-3)(6-4)中：V 为候选优树的形质指标测定值；V_{max} 和 V_{min} 分别为每个指标的最大值和最小值。

为使红椿各形质指标的遗传改良性状一致，采用不同公式进行转化。干形和枝下高等与目标性状呈正相关的系数采用式(6-3)换算；冠幅、冠高树高比、分枝角、枝粗细等与目标性状呈负相关的系数采用式(6-4)换算。

6.2.3 生长与形质指标

6.2.3.1 优树生长量基准线的确定

2 个地区共有 3 个不同林分候选优树 47 株，16~18 a 的有 23 株，19~21 a 和 22~25 a 的各 12 株。候选优树各龄级的树高、胸径、材积的生长量及其标准线见表 6-1。表 6-1 中基准线指各年均生长量的均值加上标准差 S。随龄级增大，胸径和材积的年均增长值增大，树高的年均增长值随龄级增大下降。表明红椿达到成熟林后，高增长趋势变化不明显，如在 16~18 a、19~21 a、22~25 a 龄级时，树高平均值分别为 17.220 m、17.375 m、19.025 m，明显低于胸径在相应龄级的增加值。因此，可以认为材积增加的主要贡献来自胸径的增加。通过标准线筛选，在 16~18 a 有 10 株红椿生长量高于基准线，19~21 a 有 3 株入选，22~25 a 有 2 株入选，共 15 株。研究中以生长量为标准入选红椿优树的数量随龄级增加递减，但选优数量与龄级本身并无直接关系。

表 6-1 红椿各龄级优势木生长量、年均生长量及基准线

龄级(a)	株数	项目	胸径(cm)	树高(m)	材积(m^3)	入选数
16~18	23	最大值	26.6(1.4778)	18.9(1.0500)	0.525(0.0292)	10
		最小值	17.7(1.1063)	16.0(1.0000)	0.215(0.0135)	
		平均	22.03(1.3113)	17.220(1.0244)	0.336(0.0200)	
		基准线	1.3558	1.0404	0.02147	

(续)

龄级(a)	株数	项目	胸径(cm)	树高(m)	材积(m³)	入选数
19~21	12	最大值	31.6(1.5048)	19.2(0.9143)	0.753(0.0359)	3
		最小值	20.1(1.0579)	16.3(0.8150)	0.274(0.0143)	
		平均	23.35(1.1823)	17.375(0.7441)	0.388(0.0221)	
		基准线	1.2221	0.8944	0.0303	
22~25	12	最大值	39.9(1.5960)	20.5(0.9318)	1.219(0.0488)	2
		最小值	27.7(1.2591)	17.1(0.7125)	0.548(0.0249)	
		平均	31.917(1.3679)	19.025(0.7893)	0.776(0.0322)	
		基准线	1.4022	0.8100	0.0346	

注：括号内数据均为不同树龄生长量的年均值。

6.2.3.2 优树形质指标的确定

（1）主要形质因子的确定

形质指标过多会影响选优效率，可能造成优秀遗传资源损失。通过主成分分析筛选部分形质因子，将形质最大关联的因子提取，获得各因子权重。对优树形质性状的指标进行无量纲化标准处理，得到各性状比值矩阵，运用正交变换进行主成分分析。各主成分的特征根、贡献率、累积贡献率见表6-2。前3个主成分累计贡献率已达81.686%，可以反映调查性状的总体信息，并且第4主成分的特征根较小，仅为0.685。因此取前3个主成分进行分析，第1主成分的特征根为2.420；第2主成分的特征根为1.531，第3主成分为0.950。前3个主成分指数方程，其总分量对应着各性状的权重。

表6-2 形质因子的特征根及贡献率

成分	特征根	贡献率(%)	累计贡献率(%)
1	2.420	40.340	40.340
2	1.531	25.511	65.851
3	0.950	15.835	81.686
4	0.685	11.420	93.105
5	0.402	6.706	99.812
6	0.011	0.188	100.000

通过3个主成分的特征根和贡献率方程，得到各个形质组成因子的总分量和权重（见表6-3）。冠幅、干形和分枝角3个形质因子权重相对较大，分别为0.278、0.299和

0.154，形质评分时，以上 3 个成分应该优先考虑。将 3 因子总权重转化为 1，得到新的形质因子权重：冠幅为 0.380、干形为 0.409、分枝角为 0.211。各性状的权重大小保证了优树的形质符合选优要求。

表 6-3　形质因子主成分与权重

因子组成	成分 1	成分 2	成分 3	总分量	权重
冠高比	0.824	-0.554	0.085	0.140	0.106
冠幅	0.632	0.565	0.131	0.368	0.278
枝下高	0.757	-0.645	0.075	0.094	0.071
干形	0.439	0.506	0.656	0.396	0.299
枝粗细	0.524	0.319	-0.630	0.121	0.091
分枝角	0.550	0.362	-0.305	0.204	0.154

（2）形质标准与候选优树的筛选

各标准化后形质因子与其自身权重相乘，得到各候选优树形质总分。最高分为 0.921，最低分为 0.271。利用 K-S 单样本非参数检验，47 株候选优树形质评分呈正态分布。依照总体候选优树形质得分平均数，进行单样本平均数假设测验。在 95% 置信区间，得到平均值上限为 0.8220，下限为 0.7283（见表 6-4）。淘汰形质总分低于 0.7283 的候选优树，对高于生长量基准线的 15 株优树复选，共有 10 株入选，优树按形质评分入选率为 66.67%。

表 6-4　红椿形质得分单样本 t 检验

项目	t	df	Sig.	均值	95%置信区间	
					下限	上限
形质得分	33.295	46	0.000	0.775	0.7283	0.8220

6.2.4　选优结论

通过生长量的基准线法和形质指标的主成分分析法，在谷城、竹山等 3 个林地前期选择的 47 株候选优树中，选出生长量指标高于年生长量平均值的红椿 19 株，高于基准线的优良红椿 15 株。再对 15 株进行形质评分，复选出 10 株，入选率 52.63%。入选优树整体上具有生长和形质均优良的特征。

基准线主要反映优势木胸径、树高、材积的年均生长量，但基准线的建立应该考虑异龄林因素，校正异龄林树木年生长量。以基准线法选出的红椿优树只说明被选树优树生长量指标达到优树标准，其他指标同时达到入选标准的候选优树数量偏少。选优实践中，经常会遇到材积优良而形质不合格，或形质优异但材积较小的现象。赵宝鑫等(2012)研究毛梾选优标准得出，选优过程中很难发现各性状得分均优异的优良单株。鄂西北地区红椿选优研究中发现，19株生长量指标高于年生长量平均值的红椿单株，由于形质评分低于标准线被淘汰。47株候选优树中，有39株，即82.98%的红椿单株的形质得分高于形质评分标准线。其中29株，即61.70%的形质优良的红椿单株，由于生长量低于基准线而被淘汰。因此，要获得生长量和形质均优的单株，应考虑立地条件，龄级范围以及树木的生长势等多项因子，以消除环境误差造成的影响(刘志龙 等，2014)，尽可能在红椿优树选择时兼顾材积与形质两个因素。鄂西北地区红椿优树预选中，虽然考虑了气候、土壤等因素，环境条件大致相同，但各预选优树所在立地条件仍然不可能完全相同，树龄也存在差异，单一综合评分角度选优不可靠。基准线法保证了胸径、树高和材积等生长指标具有较高的平均增益，而主成分分析法既提高了形质评分的效率，又有效避免了因过度评分造成许多优良遗传性状的丢失，结果更为可靠。故建议在地区环境差异不显著的范围内，红椿优树选择可采用基准线法与主成分分析法相结合的方法进行。

人工选择是人类在短期内进行遗传改良的重要手段。优树性状是为人类生产等经济目的服务的，而对非选择性状考虑不多，其结果常导致选择群体的遗传基础变窄。所以在进行选优时应当注意选优资源的搜集和补充，以保存红椿群体的遗传多样性。

6.3 湖北红椿优树选择

6.3.1 选优方法

6.3.1.1 龄级分级与候选优树选择

优树是指在相似环境条件下，林分中在生长量、形质、材性及抗性适应性上表现特别优良的个体。天然次生林选优，树龄是必须考虑的因素。于树成等(2008)在水曲柳(*Fraxinus mandshurica*)天然林优树选择中，采用标准地内样木胸径平均数加1倍标准差确定候选优树。黄寿先等(2008)采用绝对值评选法对广西天然大叶栎(*Castanopsis fissa*)林进行优树初选，即年平均生长量和形质指标达到预定标准，再对胸径、树高综合对比复选，以确定优树生长量指标。本次选优以速生丰产和形质优良为目标。生长指标为胸径、树高、单株材积。形质指标6个，分别为冠高与树高比、冠幅、干形、第一活枝下高、枝粗细和分枝角。根据选优林分实际情况和种群规模，同时考虑可行性与准确性，在天然种群尺度内(15~40 m)，首先以 16 a 为起点，5 a 为 1 个龄级，通过生长锥实测，分别设立 15~20 a，21~25 a，……，36~40 a 等 5 个预选龄级。采用 5 株优势木生长指标对比法，分别在相应龄级内选择生长性状和形质性状特别优良的单株，然后在 15~40 m 范围内选择仅次于候选优树的 3~5 株优势木。从预选树和优势木中选择胸径、树高等生长指标最优植株。同时选择树干通直圆满、枝下高最大、分枝角最小、侧枝粗最小等形质指标和无病虫害、生长优良的植株为候选优树。实测各生长和形质指标，对异龄林树龄进行校正：校正值=候选优树材积-(年生长量×树龄差)(陈晓阳和沈熙环, 2005)。年生长量根据龙汉利等(2011)提出的红椿树高、胸径、材积年生长过程计算。共选择 52 株符合标准的候选优树，并进行编号。

6.3.1.2　研究方法

建立生长指标和形质指标两项独立评分标准，利用生长与形质两项标准进行独立分级，最后综合选出红椿优树。对所选 52 株候选优树对材积进行多元线性回归分析，采用逐步回归法剔除其他因素对生长指标造成的影响(陈宏伟 等, 2010)减少生长指标选择误差。多元线性回归方程得到的材积理论值与实测值残差，在符合正态分布前提下，通过平均值和标准差比较，建立候选优树生长指标分级标准。标准化处理各形质指标，进行主成分分析。获得各候选优树形质主成分的特征向量和贡献值，根据特征向量和贡献值大小确定形质评分因子和其权重值。对所选因子的评分结果进行单样本非参数 K–S 检验，确定红椿形质分级标准。

6.3.1.3　数据分析

（1）单株材积计算

采用形率法计算单株材积(V)。

$$V = \pi \times (d_{1.3}/2)^2 h \times f_{1.3} \tag{6-5}$$

式(6-5)中：π 取值 3.14159；$d_{1.3}$ 为胸径；h 为树高；$f_{1.3}$ 为希费尔胸高形数。由于野外环境限制，调查时缺乏红椿中央直径 $d_{1/2}$，为计算方便，$f_{1.3}$ 取值 0.5。

（2）形质指标的标准化

采用多目标决策的一维比较法，对候选优树形质指标进行标准化处理。

$$y = 1 - 0.9 \times (V_{\max} - V)/(V_{\max} - V_{\min}) \tag{6-6}$$

$$y = 1 - 0.9 \times (V - V_{\min})/(V_{\max} - V_{\min}) \tag{6-7}$$

式(6-6)(6-7)中：V 为候选优树的形质指标测定值；$V_{\max}$ 和 $V_{\min}$ 分别为每个指标的最大值

和最小值。为使红椿各形质指标的遗传改良性状一致，采用不同公式进行转化。干形和枝下高等与目标性状呈正相关的系数采用式(6-6)换算；冠幅、冠高树高比、分枝角、枝粗细等与目标性状呈负相关的系数采用式(6-7)换算。

(3) 数据分析

材积是用材树种最重要的经济指标。为获取生长量指标分级标准，对52株红椿预选优树的材积进行回归，以剔除多个相关因子对材积的影响程度，减少生长量选择误差（陈宏伟 等，2010），筛选出生长基因良好的红椿优树。

线性回归一般模型为：

$$y = \alpha + \beta_1 X_1 + \beta_2 X_2 + \cdots + \beta_i X_{ik} + \varepsilon, \quad i = 1, 2, 3, \cdots n \tag{6-8}$$

式(6-8)中：y 为解释变量（材积）；x 为观察值；α 为模型截距项；β 为求解参数；ε 为误差项。对变量 x 做 i 次观察，得到 X_{i1}，X_{i2}，$\cdots$，X_{ik}，对应 y_i。得到 52×8 的材积多元线性回归矩阵。

主成分采用降维分析，将多指标转化为少数综合指标，以获得红椿预选优树的形质评分标准。数学模型为：$Z_1 = u_{11}x_1 + u_{12}x_2 + \cdots + u_{1p}x_p$，$\cdots$ $Z_p = u_{p1}x_1 + u_{p2}x_2 + \cdots + u_{pp}x_p$，其中，$Z_1$，$Z_2$，$\cdots$，$Z_p$ 为 p 个主成分。通过对原有变量坐标变换，Z_p 满足一定条件情况下，提取主成分。

6.3.2 数量与形质指标

6.3.2.1 红椿候选优树生长指标分级标准

(1) 各生长因子相关性分析

对红椿候选优树生长量相关的因子，如胸径、树高、平均冠幅、枝下高、干形、枝粗细、分枝角实测数据进行相关性分析（见表6-5）。相关性分析显示，材积与各自变量之间相关系数的绝对值为0.032~0.967，各因子之间表现高中低程度的相关。胸径、树高、冠幅与材积之间存在着共线性关系，三者性状具有较高的一致性。且材积与干形、枝下高、枝粗细、分枝角之间相关性较低。胸径、树高、冠幅典型反映了红椿的材积指标，因此可选择材积指标作为红椿优树选择的主要生长量指标。干形与材积相关性不密切，说明干形是一个相对独立的性状，与其他性状不存在基因连锁作用（刘光金 等，2014）。

表6-5 红椿候选优树各因子相关分析

	材积	胸径	树高	冠幅	干形	枝下高	枝粗细
胸径	0.967**						
树高	0.846**	0.765**					

(续)

	材积	胸径	树高	冠幅	干形	枝下高	枝粗细
冠幅	0.652**	0.665**	0.449**				
干形	−0.060	−0.101	−0.035	−0.113			
枝下高	0.100	0.074	0.303*	−0.017	0.032		
枝粗细	0.388**	0.458**	0.172	0.511**	−0.197	−0.097	
分枝角	0.280*	0.279*	0.133	0.395**	−0.076	−0.068	0.229

注：** 为在 0.01 水平上极显著相关，* 为在 0.05 水平上显著相关。

(2) 材积为因变量的多元回归

以材积为因变量，胸径、树高、冠幅、干形、枝下高、枝粗细为自变量，采用逐步回归法进行多元线性回归。通过将自变量按相关程度放入回归模型和根据自变量对模型贡献大小进行选择并剔除，建立最优回归模型。通过回归分析，选择出胸径和树高 2 个自变量。表 6-6 中，模型 II 以材积作为因变量，胸径和材积为自变量，复相关系数为 0.981，决定系数为 0.963，校正后决定系数为 0.961，比模型 I 得到的方程的拟合度更高。以胸径和树高两个性状联合选择红椿材积生长数量指标，可靠性达到 96.10%。

表 6-6 回归模型概述信息表

模型	R	R^2	调整后 R^2	标准估计误差	变更统计资料					Durbin-Watson
					R^2 变更	F 值变更	自由度 1	自由度 2	显著性	
I（胸径）	0.967	0.936	0.935	0.231	0.936	731.499	1	50	0.000	1.071
II（胸径、树高）	0.981	0.963	0.961	0.177	0.027	35.661	1	49	0.000	

(3) 多元线性回归方差分析

根据表 6-7，材积和胸径、树高等主要指标进行多元线性显著表性检验，两个模型显著性 P 均为 0.000<0.05，表明材积与胸径、材积与胸径、树高具有极显著的线性关系。由于双尾检验中，$P>0.050$，逐步回归中冠幅、干形、枝下高、枝粗细和分枝角等 5 个自变量被自动剔除（见表 6-8）。模型 2 的决定系数 $R^2=0.963$，拟合方程准确度较高。根据表 6-9，建立以胸径、树高为自变量的二元材积拟合方程：$y=-3.066+0.065x_1+0.094x_2$。其中：$y$ 为材积，x_1 为胸径 x_2 为树高。

表 6-7 多元线性回归方差分析

模型		平方和	自由度	均方	F 值	P 值
Ⅰ（胸径）	回归	39.005	1	39.005	731.499	0.000
	残差	2.666	50	0.053		
	总计	41.671	51			
Ⅱ（胸径、树高）	回归	40.128	2	20.064	637.127	0.000
	残差	1.543	49	0.031		
	总计	41.671	51			

（4）候选优树生长量复选标准

将 52 株红椿预选优树胸径、树高的实测值代入方程：$y=-3.066+0.065x_1+0.094x_2$，得到 52 株材积理论值。用实测值减去理论值得到其差值。根据变量分布的累积概率与指定分布累积概率之间关系，绘制 52 株红椿预选优树的材积回归标准化残差 P-P 图（如图 6-1）。其以材积为因变量，观察的累积概率与预期的累积概率间呈正态分布，表明了红椿材积实测值与理论值差值为正态分布。因此，以红椿材积实测值与理论值间的差值作为优树的生长量指标 H，减少了生长量指标选择的误选率，可作为确定红椿优树等级的主要依据（陈宏伟等，2010）。建立生长量预选优树分级标准：A 级优树为 $H \geqslant \Delta h+S$；B 级优树为 $\Delta h+S > H > \Delta h-S$；C 级优树为 $H \leqslant \Delta h-S$。

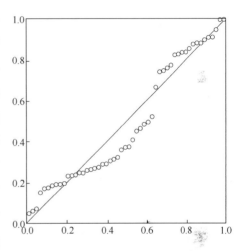

图 6-1 材积回归标准化残差图

表 6-8 被剔除的变量信息

模型	因子	预测系数	t 值	P 值	偏相关系数	共线性信息
Ⅰ（胸径）	树高	0.255	5.972	0.000	0.649	0.414
	冠幅	0.014	0.291	0.773	0.041	0.557
	通直度	0.037	1.038	0.304	0.147	0.990
	枝下高	0.028	0.785	0.436	0.111	0.994
	枝粗细	-0.070	-1.764	0.084	-0.244	0.790
	分枝角	0.010	0.277	0.783	0.039	0.922

(续)

模型	因子	预测系数	t值	P值	偏相关系数	共线性信息
Ⅱ（胸径、树高）	冠幅	0.042	1.147	0.257	0.163	0.548
	通直度	0.027	0.961	0.341	0.137	0.986
	枝下高	-0.041	-1.386	0.172	-0.196	0.848
	枝粗细	-0.013	-0.401	0.690	-0.058	0.713
	分枝角	0.033	1.159	0.252	0.165	0.906

表 6-9　材积回归模型系数

模型		非标准化预测系数	标准误差	标准预测—系数	t值	P值	共线性信息
Ⅰ（胸径）	（常数）	-1.753	0.118	—	-14.804	0.000	—
	胸径	0.081	0.003	0.967	27.046	0.000	1.000
Ⅱ（胸径、树高）	（常数）	-3.066	0.238	—	-12.890	0.000	—
	胸径	0.065	0.004	0.772	18.079	0.000	0.414
	树高	0.094	0.016	0.255	5.972	0.000	0.414

其中 H 表示材积实测值与理论值间的差值，Δh 表示差值平均值，SD 为标准差。均值 $\Delta h=-0.0185$，$SD=0.1750$，可以确定 A 级 $H>0.1564$；B 级：$0.1565>H>-0.1935$，C 级：$H<-0.1935$。据此标准，选择 A 级 10 株，B 级 38 株，C 级 4 株，分别占预选优树的 19.23%、73.08%、7.69%。

6.3.2.2　红椿候选优树形质指标分级标准

（1）形质因子权重系数

为消除环境误差的影响，尽量减少红椿珍贵速生优良资源的过多丢失，通过主成分分析筛选部分形质因子。对优树形质性状的指标进行标准化处理，得到各性状比值矩阵，运用正交变换进行主成分分析。各主成分特征根、贡献率、累积贡献率及各指标的特征向量见表 6-10。前 4 个主成分累计贡献率已达 91.718%，很好反映了调查性状的总体信息。本研究取前 4 个主成分进行分析，第 1 主成分特征根为 2.159；第 2 主成分特征根为 1.619；第 3 主成分特征根为 0.966，第 4 主成分特征根为 0.760。4 个主成分线性方程，其总分量对应着各性状的权重。形质指标过多会影响选优效率（刘志龙 等，2014），每个主成分仅提取一个最大特征根因子。第一主成分中，枝下高为 0.766，但冠高树高比已经反映了枝下高特征信息，因此在权重中未计入。4 个主成分计算出各因子权重（见表 6-11）：冠高比为 35.44%；平均冠幅为 22.94%；干形为 25.24%；分枝角为 16.38%。各性状的权重大小保证了优树的形质，符合选优要求。

表 6-10 形质因子特征值及贡献率

成分	初始特征值			提取平方和		
	特征根	贡献率%	累积%	特征根	贡献率%	累积%
1	2.159	35.977	35.977	2.159	35.977	35.977
2	1.619	26.981	62.959	1.619	26.981	62.959
3	0.966	16.097	79.056	0.966	16.097	79.056
4	0.760	12.662	91.718	0.760	12.662	91.718
5	0.447	7.454	99.172			
6	0.050	0.828	100.000			

表 6-11 形质因子主成分

项目	成分1	成分2	成分3	成分4
冠高比	0.838	-0.519	-0.012	-0.013
平均冠幅	0.552	0.626	-0.193	-0.173
枝下高	0.766	-0.622	0.021	0.038
干形	0.229	0.274	0.892	0.268
枝粗细	0.565	0.527	0.090	-0.480
分枝角	0.440	0.467	-0.352	0.653

（2）形质标准与候选优树的筛选

评定红椿候选优树的形质指标时，将各因子标准化后与其自身权重相乘，得到各候选优树评分。形质最高分 0.9114，最低为 0.2008。采用 K-S 单样本非参数检验法，对 52 株候选优树形质评分进行单样本验证。$P = 0.032 < 0.050$，标准差 0.16，分值呈现正态分布。依照总体候选优树形质得分平均数，进行单样本平均数假设测验。

在 95% 置信区间，得到平均值上限为 0.6434，下限为 0.5563。得分>0.6434 为 A 级，30 株，占 52 株候选优树的 57.69%；0.6434>得分>0.5563 为 B 级，12 株，占 23.08%；得分<0.5563 为 C 级，10 株，占 19.23%。

6.3.2.3 红椿优树综合选择标准

通过多元线性回归和主成分分析等统计方法，确定了湖北地区红椿优树的生长量指标和形质分级指标。生长量指标包括了胸径、树高和单株材积 3 个性状。形质指标包括冠高树高比、冠幅、干形、枝下高、分枝粗细与分枝角6个性状。总体评分(见表6-12)：2项评级均为A级，即为1级优树，共7株；2项中有1项为A级，1项为B级的，即为2级优树，共22株；2项评级均为B级的为3级优树，共11株；生长量和形质其中1项为C级，即被淘汰，共12株。共选出优树40株，占预选优树的76.92%。

表6-12 红椿优树分级评选表

候选优树	数量分级	形质分级	优树等级	候选优树	数量分级	形质分级	优树等级	候选优树	数量分级	形质分级	优树等级
BD01	B	A	2	HF04	B	A	2	XE08	A	C	T
BD02	B	B	3	JS01	B	B	3	XE09	B	A	B
BD03	C	A	T	JS02	C	C	T	XE10	B	C	T
ES01	B	A	2	JS03	B	A	2	XF01	B	B	3
ES02	B	A	2	JS04	A	A	1	XF02	B	B	3
ES03	B	C	T	JS05	B	A	2	XF03	B	C	T
ES04	B	B	3	JS06	A	C	T	XF04	B	C	T
ES05	C	B	T	JS07	B	A	2	XF05	B	A	2
ES06	B	A	2	LF01	B	B	3	XF06	B	A	2
GC01	B	A	2	LF02	C	A	T	XF07	B	A	2
GC02	A	A	1	LF03	B	A	2	XF08	B	C	T
GC03	B	B	3	WH01	B	C	T	XF09	A	B	2
GC04	A	A	1	WH02	B	B	3	ZS01	B	B	3
GC05	A	A	1	XE03	B	A	2	ZS02	B	B	3
GC06	B	A	2	XE04	B	A	2	ZS03	B	A	2
HF01	B	A	2	XE05	A	A	1	ZS04	A	A	1
HF02	A	A	1	XE06	B	A	2				
HF03	B	A	2	XE07	B	C	T				

注：BD-巴东，ES-恩施，GC-谷城，HF-鹤峰，JS-建始，LF-来凤，WH-武汉(行道)，XE-宣恩，XF-咸丰，ZS-竹山。1、2、3表示优树等级，T为淘汰。

6.3.3 优树选择方法讨论

采用多元线性回归的方法，建立红椿天然林优树生长量选择指标，反映了剔除相关生长因子对材积的影响，很大程度上代表了红椿生长量的基因型值。陈宏伟等（2010）在研究旱冬瓜（*Alnus nepalensis*）用材林时，采用了多元线性回归方式，剔除环境及其他生长因子对林木生长的影响，获取有代表意义的表型基因，以减少候选优树表型误选率。郑天汉和兰思仁（2013）在红豆树（*Ormosia hosiei*）天然林选优中，对与生长量相关程度不同高低因子的进行分析，通过权重系数和综合指数计算，提出红豆树天然林优树选择标准。因此，天然林优树选择中，建立与生长量指标、各形质因子间相关的统计学分析是可行的。形质指标也是优树选择的重要指标，晏姝等（2011）在研究南洋楹（*Paraserianthes falcataria*）优树标准时，通过冠幅、枝下高、干形和分枝为评定优树形质性状的指标，通过主成分分析筛选，决定特征根最大的干形和分枝为形质评分因子。刘志龙等（2014）研究顶果木（*Acrocarpus fraxinifolius*）天然林选优时，对6项形质指标分析筛选，从3个主成分中获得3个形质指标，通过赋值权重计算得分，建立优树形质评分标准。

本研究以 5 a 为 1 个龄级分组，应用优势木对比法，按照胸径、树高、材积等生长量指标分别超过林分平均值 25%、15%、100% 的要求，在湖北全省 12 个县市的红椿天然林预选红椿优树 52 株。根据优树生长指标和形质指标综合筛选，建立了两级选优指标，复选优树分 3 级共 40 株，入选率 76.92%，基本可保证湖北地区种质资源圃的建立和前期种源试验需求。

利用多元线性回归和主成分分析法联合分级，对红椿天然林候选优树的生长量和形质标准双向评级，保证了入选优树的速生性和形质优良性。评分标准客观可靠，可以作为湖北地区红椿优树选择的参考。但实际工作中，采用不同的材积计算公式，尤其在野外不方便测高的情况下，根据胸径可以初步估算红椿的材积（龙汉利 等，2011），但得到生长量实测值会存在差别。此情况在红椿天然林的调查中时有发生，导致理论值与实测值残差可能存在偏差。该情况可以参考表 6-7 中模型 Ⅰ 建立方程，获得理论材积。同时，不同环境条件，也可能产生红椿形质因子选择的变化。因此，林业工作者可以因地制宜地建立形质标准，确定 2~4（≤4）个主成分，筛选确定红椿优树形质的评分标准。

采用两种选优标准，即对湖北省全省范围红椿预选优树，采用多元线性选择材积和主成分分析法选择形质；对鄂西北地区，采用设立小标准地选优方法选择优树材积指标，再在主成分分析筛选主要形质因子，利用 K-S 单样本非参数检验，经过评分选择符合条件的优树。全省共选出 40 株优树，其中鄂西北地区占 10 株。通过基准线的选优方式，选出 10 株优树，与多元线性法选择的优树完全一致。

湖北红椿天然林选优主要以恢复中的次生林为主。目前种群规模较小，人为干扰严重。研究提出的两种选优标准，范围仅适用于湖北境内中亚热带与北亚热带南缘红椿分布区，不一定能代表其他省份红椿分布区，其运用范围尚需进一步在实践中检验。

CHAPTER 07 红椿遗传研究

Germplasm Resources of *Toona ciliata* Roem.

遗传多样性是一个物种生存或者适应所生存环境和发展,乃至于不断进化提高的重要前提。对于任何一个物种来说,面对不断变化的生长环境、扩展分布及开拓新环境,就意味着其需要强大的适应力,所以该物种的遗传多样性就需要高丰富度(Grant,1991)。引起物种表型变异正是遗传多样性,即物种的高丰富度的表现,其根源来自多种内在及外在的环境因子的影响。

植物在漫长的进化过程中,应对环境差异产生的表型变异体现了植物的生存智慧,其表型变异往往在适应和进化上有重要意义,是遗传多样性研究的重要内容。表型性状即物种的性状,受许多的基因控制(Paran et al.,2003)。植物表型性状反映了基因型对环境变化的适应性(Pigliucci et al.,2006)。因此,基于表型性状来研究物种的变异特征是一种有效的方法。植物表型研究主要关注植物在其分布区内各种环境下的表型变异,被广泛用于揭示天然居群的遗传变异及其与地理格局的关系(James et al.,2000)。研究遗传多样性最常见的技术方法就是通过测定植株的表型性状来实现。植物表型变异研究,一方面集中在遗传分析,寻找具优良性状的遗传材料,为遗传改良奠定基础;另一方面在地理环境上开展相关生态性状的研究,注重探究物种的适应性。

7.1 小叶表型遗传

叶片是植物进化过程中对环境变化比较敏感且可塑性较大的器官,植物叶片的形态与其营养和其他生理、生态因子以及繁殖密切相关,不同程度的环境异质性,会影响植物叶片表型的可塑性或植物对环境的适应性。

由于红椿在湖北地区分布区生境差异较大,地理分断特征明显。我们对湖北地区16个红椿天然居群的10个小叶表型性状进行分析,旨在探讨不同居群间和居群内小叶表型性状的变异状况及其与地理环境间的关系。

7.1.1 数据统计分析

对16个红椿居群小叶表型性状在居群间和居群内的差异显著性进行巢式方差分析,线性模型为 $Y_{ijk}=\mu+S_i+T_{(i)j}+\varepsilon_{(ij)k}$。式中,$Y_{ijk}$ 为第 i 个居群第 j 个单株第 k 个观测值,μ 为总体均值,S_i 为第 i 个居群的效应值,$T_{(i)j}$ 为第 i 个居群第 j 个单株的效应值,$\varepsilon_{(ij)k}$ 为随机误差。表型分化系数(V_{st})可以近似解释居群间表型分化大小,计算公式为 $V_{st}=[\delta_{t/s}^2/(\delta_{t/s}^2+\delta_s^2)]\times100\%$。式中,$\delta_{t/s}^2$ 为居群间方差分量,δ_s^2 为居群内方差分量(葛颂 等,1988)。计算各小叶表型性状的均值、标准差和变异系数。采用Duncan's新复极差法进行多重比较。对表型性状间以及其与采样点环境因子进行相关性分析。用非加权平均法（UPGMA）进行系统聚类分析，应用 Mantel 检验（Mantel，1967）研究地理距离的自然对数与遗传距离间的相关性。

7.1.2 小叶表型变异分析

7.1.2.1 不同红椿居群小叶表型性状的比较

湖北红椿居群间及居群内小叶表型性状的方差分析结果见表 7-1。由表 7-1 可以看出：红椿 10 个小叶表型性状在居群间存在显著（$P<0.05$）或极显著（$P<0.01$）差异，表明红椿小叶表型性状在居群间变异程度较高。小叶长、小叶柄长、小叶宽、宽基距、小叶长小叶宽比和小叶柄长小叶长比 6 个表型性状在居群内存在极显著差异，其余 4 个表型性状在居群内差异不显著。总体来看，湖北红椿小叶表型性状在居群间的变异大于居群内。

表 7-1　湖北红椿居群间及居群内小叶表型性状的方差分析结果

表型性状	均方			F 值	
	居群间	居群内	随机误差	居群间	居群内
小叶长	70.823	3.917	1.931	18.08**	2.03**
小叶柄长	25.744	3.312	1.955	7.77**	1.69**
小叶宽	7.517	0.761	0.415	9.88**	1.83**
宽基距	6.805	1.089	0.662	6.25**	1.65**
脉左宽	1.897	0.222	0.174	8.55**	1.27
小叶尖角	431.393	33.131	31.402	13.02**	1.06
小叶长小叶宽比	0.925	0.119	0.066	7.79**	1.79**
小叶柄长小叶长比	0.001	0.000	0.000	10.17**	1.89**
脉左宽小叶宽比	0.002	0.001	0.001	2.12*	0.86
宽基距小叶长比	0.006	0.002	0.002	2.96**	1.39

*$P<0.05$；**$P<0.01$。

湖北 16 个红椿天然居群小叶表型性状的比较结果见表 7-2。由表 7-2 可以看出：红椿 10 个小叶表型性状在居群间存在显著差异。小叶长的变化范围为 15.070~22.221 cm，均值为 18.794 cm，其中，黄石黄荆山（P14）居群的小叶最长，宣恩金盆村（P5）居群的小叶最短。小叶柄长的变化范围为 5.35~8.53 mm，均值为 7.09 mm，其中，宣恩大卧龙（P7）居群的小叶柄最长，通山九宫山（P13）居群的小叶柄最短。小叶宽的变化范围为

5.827~7.828 cm，均值为 7.044 cm，其中，宣恩肖家湾(P6)居群的小叶最宽，P7 居群的小叶最窄。宽基距的变化范围为 4.345~6.477 cm，均值为 5.736 cm，其中，P14 居群的宽基距最大，P5 居群的宽基距最小。脉左宽的变化范围为 3.106~4.158 cm，均值为 3.769 cm，其中，P6 居群的脉左宽最大，P7 居群的脉左宽最小。叶尖角的变化范围为 19.700°~38.350°，均值为 30.694°，其中，利川堡上(P1)居群的叶尖角最大，P14 居群的叶尖角最小。小叶长小叶宽比的变化范围为 2.455~3.374，均值为 2.690，其中，P14 居群的小叶长小叶宽比最大，P13 居群的小叶长小叶宽比最小。小叶柄长小叶长比的变化范围为 0.028~0.054，均值为 0.038，其中，P7 居群的小叶柄长小叶长比最大，竹山洪坪(P15)居群的小叶柄长小叶长比最小。脉左宽叶宽比的变化范围为 0.496~0.559，均值为 0.536，其中，宣恩红旗坪(P8)居群的脉左宽叶宽比最大，P13 居群的脉左宽叶宽比最小。宽基距小叶长比的变化范围为 0.272~0.344，均值为 0.306，其中，P13 居群的宽基距小叶长比最大，P15 居群的宽基距小叶长比最小。

表 7-2　湖北红椿 16 个天然居群小叶表型性状的比较($\bar{X} \pm SD$)

居群编号[1]	小叶表型性状[2]				
	L_L(cm)	L_{LP}(mm)	W_L(cm)	L_{MWLB}(cm)	W_{LBEM}(cm)
P1	16.891±1.011d	7.99±1.25a	6.680±0.583ef	5.052±0.443gh	3.668±0.306de
P2	19.186±1.065c	8.16±3.04a	6.959±0.749def	5.508±0.834fgh	3.837±0.613bcd
P3	17.449±1.786d	5.98±1.11cde	6.736±0.988ef	5.626±0.829defg	3.429±0.435efg
P4	19.242±2.044bc	8.28±1.06a	7.497±1.000abc	5.575±0.990efgh	3.970±0.558abc
P5	15.070±0.110f	7.50±1.40ab	5.837±0.580g	4.345±0.656i	3.239±0.361gh
P6	19.564±1.332bc	8.05±0.94a	7.828±0.443a	6.263±0.770abc	4.158±0.218a
P7	15.862±1.726ef	8.53±1.42a	5.827±0.730bc	4.984±0.978h	3.106±0.387h
P8	20.311±2.348b	8.50±1.75a	7.335±0.829bc	6.271±1.061abc	4.109±0.554ab
P9	19.492±1.693bc	6.27±1.19cde	7.152±0.894cde	5.788±0.758bcdef	3.869±0.435abcd
P10	19.903±1.051bc	6.53±1.43cd	7.653±0.662ab	6.221±0.707abcd	4.092±0.270ab
P11	19.540±0.768bc	5.61±1.50de	7.317±0.464bc	6.054±0.834abcdef	3.949±0.590abc
P12	19.304±1.284bc	7.78±1.30ab	7.721±0.780ab	6.139±1.097abcde	4.056±0.335ab
P13	16.639±1.107de	5.35±0.89e	6.790±0.485ef	5.682±0.978cdef	3.362±0.296fgh
P14	22.221±1.751a	6.49±1.36cd	6.597±0.466f	6.477±1.149a	3.615±0.258def
P15	20.158±1.673bc	5.51±1.38de	7.123±0.450cde	5.464±0.537fgh	3.772±0.242cd

(续)

居群编号[1]	小叶表型性状[2]				
	L_L(cm)	L_{LP}(mm)	W_L(cm)	L_{MWLB}(cm)	W_{LBEM}(cm)
P16	19.885±1.264bc	6.98±1.32bc	7.658±0.407ab	6.329±0.683ab	4.079±0.179ab
均值	18.794±2.339	7.09±1.81	7.044±0.895	5.736±1.008	3.769±0.508

居群编号[1]	小叶表型性状[2]				
	A_{LA}(°)	L_L/W_L	L_{LP}/L_L	W_{LBEM}/W_L	L_{MWLB}/L_L
P1	38.35±8.64bcd	2.540±0.190ef	0.048±0.008bc	0.549±0.017abc	0.299±0.019bcde
P2	34.95±10.52gh	2.781±0.283bcd	0.043±0.016cd	0.552±0.074abc	0.287±0.043de
P3	30.75±2.86h	2.641±0.428cdef	0.035±0.007ef	0.511±0.042de	0.323±0.046ab
P4	30.05±4.49fg	2.585±0.240def	0.044±0.008cd	0.529±0.021bcd	0.290±0.047cde
P5	34.05±4.88fg	2.603±0.291cdef	0.050±0.010ab	0.554±0.017ab	0.288±0.031de
P6	36.00±6.42abc	2.506±0.206ef	0.041±0.006d	0.532±0.018bcd	0.319±0.025abc
P7	28.35±8.15def	2.765±0.453bcd	0.054±0.011a	0.534±0.035abcd	0.314±0.048bcd
P8	30.05±5.03def	2.790±0.357bc	0.043±0.011cd	0.559±0.022a	0.308±0.037bcd
P9	31.90±8.18i	2.740±0.185bcd	0.032±0.007efg	0.542±0.023abc	0.297±0.028cde
P10	31.50±3.62def	2.616±0.234cdef	0.033±0.008efg	0.536±0.021abcd	0.313±0.031bcd
P11	34.25±2.61bcd	2.678±0.153bcde	0.029±0.007fg	0.540±0.077abc	0.310±0.041bcd
P12	28.85±2.37ab	2.514±0.191ef	0.041±0.008d	0.527±0.023cd	0.317±0.044abcd
P13	24.60±4.15cdef	2.455±0.142f	0.032±0.006efg	0.496±0.037e	0.344±0.066a
P14	19.70±1.59cdef	3.374±0.226a	0.029±0.006efg	0.548±0.016abc	0.293±0.052cde
P15	25.85±3.76cdef	2.844±0.336b	0.028±0.008g	0.530±0.013bcd	0.272±0.027e
P16	31.90±3.21a	2.603±0.207cdef	0.035±0.006e	0.533±0.015bcd	0.318±0.027abc
均值	30.69±7.10	2.690±0.339	0.038±0.012	0.536±0.038	0.306±0.043

[1] P1：利川堡上；P2：咸丰横石梁；P3：恩施马鹿河；P4：来凤三寨坪；P5：宣恩金盆村；P6：宣恩肖家湾；P7：宣恩大卧龙；P8：宣恩红旗坪；P9：建始青龙河；P10：鹤峰彭家湾；P11：巴东野三关；P12：崇阳庙圃；P13：通山九宫山；P14：黄石黄荆山；P15：竹山洪坪；P16：谷城玛瑙观。

[2] L_L：小叶长；L_{LP}：小叶柄长；W_L：小叶宽；L_{MWLB}：宽基距；W_{LBEM}：脉左宽；A_{LA}：小叶尖角；L_L/W_L：小叶长小叶宽比；L_{LP}/L_L：小叶柄长小叶长比；W_{LBEM}/W_L：脉左宽小叶宽比；L_{MWLB}/L_L：宽基距小叶长比。同列中不同小写字母表示差异显著（$P<0.05$）。

7.1.2.2 红椿不同居群小叶表型性状的变异分析

湖北16个红椿天然居群小叶表型性状的变异系数见表7-3。由表7-3可以看出：红椿10个小叶表型性状变异系数的均值在3.31%~21.99%之间，由大到小依次为小叶柄长小叶长比(21.99%)、小叶柄长(19.84%)、小叶尖角(15.35%)、宽基距(13.44%)、宽基距小叶长比(11.28%)、脉左宽(9.64%)、小叶长小叶宽比(9.51%)、小叶宽(9.40%)、小叶长(7.56%)、脉左宽小叶宽比(3.31%)，其中，小叶柄长和小叶尖角变异系数的均值较大，小叶长变异系数的均值较小。

由表7-3还可以看出：16个红椿居群内小叶表型性状变异系数的均值从大到小依次为咸丰横石梁(P2)居群(17.59%)、宣恩大卧龙(P7)居群(14.52%)、宣恩红旗坪(P8)居群(14.34%)、恩施马鹿河(P3)居群(14.14%)、建始青龙河(P9)居群(13.33%)、来凤三寨坪(P4)居群(13.01%)、宣恩金盆村(P5)居群(12.15%)、竹山洪坪(P15)居群(11.85%)、崇阳庙圃(P12)居群(11.37%)、鹤峰彭家湾(P10)居群(11.22%)、巴东野三关(P11)居群(11.10%)、通山九宫山(P13)居群(10.95%)、利川堡上(P1)居群(10.41%)、黄石黄荆山(P14)居群(9.45%)、宣恩肖家湾(P6)居群(9.37%)、谷城玛瑙观(P16)居群(9.32%)。红椿居群内小叶表型性状变异系数的均值大多未达到15%，变异水平较低。

表7-3 湖北16个红椿天然居群小叶表型性状的变异系数

居群编号[1]	小叶表型性状的变异系数(%)[2]										
	L_L	L_{LP}	W_L	W_{MWLB}	W_{LBEM}	A_{LA}	L_L/W_L	L_{LP}/L_L	W_{LBEM}/W_L	L_{MWLB}/L_L	均值
P1	5.99	15.61	8.73	8.76	8.34	22.50	7.50	17.31	3.05	6.26	10.41
P2	5.55	37.21	10.76	15.14	9.99	30.09	10.19	38.15	3.84	14.97	17.59
P3	10.23	18.52	14.66	14.74	18.31	8.20	16.22	20.67	5.49	14.32	14.14
P4	10.62	12.80	13.34	17.75	13.90	14.94	9.29	18.06	3.39	16.03	13.01
P5	7.37	18.68	9.93	15.10	11.15	14.34	11.17	19.73	3.08	10.95	12.15
P6	6.81	11.66	5.66	12.29	6.09	17.84	8.23	15.17	2.00	7.90	9.37
P7	10.88	16.64	12.53	17.47	12.15	23.00	16.39	20.58	3.62	11.94	14.52
P8	11.56	20.62	11.30	16.92	13.49	15.20	12.81	25.68	3.88	11.94	14.34
P9	8.69	18.90	12.50	13.10	11.26	25.63	6.75	22.79	4.17	9.53	13.33
P10	5.28	21.96	8.65	11.37	7.89	11.10	8.95	23.68	3.30	10.03	11.22
P11	3.93	26.66	6.34	13.78	5.88	7.63	5.70	25.91	2.09	13.12	11.10

(续)

居群编号[1]	小叶表型性状的变异系数(%)[2]										
	L_L	L_{LP}	W_L	L_{MWLB}	W_{LBEM}	A_{LA}	L_L/W_L	L_{LP}/L_L	W_{LBEM}/W_L	L_{MWLB}/L_L	均值
P12	6.65	16.67	10.10	17.86	10.25	8.80	7.58	18.78	3.18	13.80	11.37
P13	5.90	16.62	7.15	11.62	7.59	17.60	5.77	19.17	3.68	14.40	10.95
P14	6.88	20.91	7.06	8.56	7.15	8.09	5.90	20.24	2.90	6.76	9.45
P15	8.30	25.04	6.32	9.83	6.41	10.50	11.81	27.94	2.43	9.96	11.85
P16	6.35	18.92	5.31	10.79	4.38	10.06	7.97	17.90	2.89	8.59	9.32
均值	7.56	19.84	9.40	13.44	9.64	15.35	9.51	21.99	3.31	11.28	12.13

[1] P1：利川堡上；P2：咸丰横石梁；P3：恩施马鹿河；P4：来凤三寨坪；P5：宣恩金盆村；P6：宣恩肖家湾；P7：宣恩大卧龙；P8：宣恩红旗坪；P9：建始青龙河；P10：鹤峰彭家湾；P11：巴东野三关；P12：崇阳庙圃；P13：通山九宫山；P14：黄石黄荆山；P15：竹山洪坪；P16：谷城玛瑙观。

[2] L_L：小叶长；L_{LP}：小叶柄长；W_L：小叶宽；L_{MWLB}：宽基距；W_{LBEM}：脉左宽；A_{LA}：小叶尖角；L_L/W_L：小叶长小叶宽比；L_{LP}/L_L：小叶柄长小叶长比；W_{LBEM}/W_L：脉左宽小叶宽比；L_{MWLB}/L_L：宽基距小叶长比。同列中不同小写字母表示差异显著($P<0.05$)。

7.1.2.3 红椿小叶表型性状的表型分化分析

湖北16个红椿天然居群小叶表型性状的方差分量和表型分化系数见表7-4。由表7-4可以看出：红椿居群间10个小叶表型性状方差分量百分比的均值为32.36%，居群内10个小叶表型性状方差分量百分比的均值为6.27%，居群间10个小叶表型性状的方差分量明显大于居群内。居群间10个小叶表型性状的表型分化系数在63.51%~98.29%之间，均值为80.73%，其中，居群间小叶尖角的表型分化系数最大，为98.29%，居群间脉左宽小叶宽比的表型分化系数最小，为63.51%，说明红椿小叶表型变异主要来源于居群间。

表7-4 湖北16个红椿天然居群小叶表型性状的方差分量和表型分化系数

表型性状[1]	方差分量			方差分量百分比(%)			居群间表型分化系数(%)
	居群间	居群内	随机误差	居群间	居群内	随机误差	
L_L	3.345	0.397	1.931	58.96	7.00	34.04	89.39
L_{LP}	1.122	0.271	1.955	33.50	8.10	58.40	80.53
W_L	0.338	0.069	0.415	41.11	8.43	50.46	82.98
L_{MWLB}	0.286	0.086	0.662	27.66	8.28	64.06	76.96
W_{LBEM}	0.084	0.010	0.174	31.30	3.55	65.15	89.81

(续)

表型性状[1]	方差分量			方差分量百分比(%)			居群间表型分化系数(%)
	居群间	居群内	随机误差	居群间	居群内	随机误差	
A_{LA}	19.913	0.346	31.402	38.55	0.67	60.78	98.29
L_L/W_L	0.040	0.011	0.066	34.43	8.97	56.60	79.33
L_{LP}/L_L	0.000	0.000	0.000	42.37	8.69	48.95	82.98
W_{LBEM}/W_L	0.000	0.000	0.001	4.49	2.58	92.93	63.51
L_{MWLB}/L_L	0.000	0.000	0.002	11.23	6.45	82.32	63.52
均值	—	—	—	32.36	6.27	61.40	80.73

[1] L_L：小叶长；L_{LP}：小叶柄长；W_L：小叶宽；L_{MWLB}：宽基距；W_{LBEM}：脉左宽；A_{LA}：小叶尖角；L_L/W_L：小叶长小叶宽比；L_{LP}/L_L：小叶柄长小叶长比；W_{LBEM}/W_L：脉左宽小叶宽比；L_{MWLB}/L_L：宽基距小叶长比。

7.1.2.4 红椿小叶表型性状间及其与环境因子的相关性分析

湖北红椿小叶表型性状间及其与环境因子的相关系数分别见表7-5和表7-6。由表7-5可以看出：小叶长与小叶宽、宽基距和脉左宽呈极显著（$P<0.01$）正相关，与小叶柄长小叶长比呈极显著负相关。小叶柄长与小叶柄长小叶长比呈极显著正相关，与脉左宽小叶宽比呈显著（$P<0.05$）正相关。小叶宽与宽基距和脉左宽呈极显著正相关。宽基距与脉左宽呈极显著正相关，与小叶尖角和小叶柄长小叶长比呈显著负相关。小叶柄长小叶长比与脉左宽小叶宽比呈显著正相关。小叶尖角、小叶长小叶宽比和宽基距小叶长比与其他小叶表型性状相关性较低，表现为相对独立的性状。

表7-5 湖北红椿小叶表型性状间的相关系数[1]

表型性状[1]	相关系数									
	L_L	L_{LP}	W_L	L_{MWLB}	W_{LBEM}	A_{LA}	L_L/W_L	L_{LP}/L_L	W_{LBEM}/W_L	L_{MWLB}/L_L
L_L	1.000									
L_{LP}	-0.268	1.000								
W_L	0.689**	-0.096	1.000							
L_{MWLB}	0.882**	-0.205	0.673**	1.000						
W_{LBEM}	0.686**	0.063	0.944**	0.699**	1.000					
A_{LA}	-0.480	0.281	0.036	-0.513*	-0.038	1.000				
L_L/W_L	0.469	-0.111	-0.219	0.298	-0.218	-0.380	1.000			
L_{LP}/L_L	-0.718**	0.855**	-0.473	-0.623*	-0.361	0.411	-0.291	1.000		
W_{LBEM}/W_L	-0.225	0.505*	-0.432	-0.248	-0.279	0.072	0.332	0.515*	1.000	

(续)

表型性状[1]	相关系数									
	L_L	L_{LP}	W_L	L_{MWLB}	W_{LBEM}	A_{LA}	L_L/W_L	L_{LP}/L_L	W_{LBEM}/W_L	L_{MWLB}/L_L
L_{MWLB}/L_L	−0.044	−0.208	0.024	0.345	0.017	−0.387	−0.345	−0.112	−0.238	1.000

[1] L_L：小叶长；L_{LP}：小叶柄长；W_L：小叶宽；L_{MWLB}：宽基距；W_{LBEM}：脉左宽；A_{LA}：小叶尖角；L_L/W_L：小叶长小叶宽比；L_{LP}/L_L：小叶柄长小叶长比；W_{LBEM}/W_L：脉左宽小叶宽比；L_{MWLB}/L_L：宽基距小叶长比。* $P<0.05$；** $P<0.01$。

由表 7-6 可以看出：红椿小叶长与年日照时数呈显著正相关；小叶柄长与无霜期呈极显著正相关，与年日照时数呈显著负相关；宽基距与经度呈显著正相关；小叶尖角与经度和年日照时数分别呈极显著和显著负相关，与海拔呈显著正相关；小叶柄长小叶长比与无霜期呈极显著正相关，与年日照时数呈极显著负相关；脉左宽小叶宽比与年均温和无霜期呈极显著正相关；宽基距小叶长比与经度呈显著正相关。各小叶表型性状与纬度、年均降水量和空气相对湿度的相关性均不显著。

表 7-6 湖北红椿小叶表型性状与环境因子的相关系数[1]

表型性状[1]	相关系数							
	纬度	经度	海拔	年均温	年均降水量	无霜期	年日照时数	空气相对湿度
L_L	0.270	0.426	−0.280	−0.208	−0.281	−0.358	0.508*	−0.325
L_{LP}	−0.391	−0.388	0.078	0.367	0.195	0.633**	−0.516*	0.173
W_L	0.259	−0.066	0.029	−0.439	−0.131	−0.387	0.251	0.004
L_{MWLB}	0.161	0.513*	−0.221	−0.126	−0.093	−0.217	0.460	−0.103
W_{LBEM}	0.121	0.020	−0.094	−0.231	−0.108	−0.233	0.253	−0.009
A_{LA}	0.237	−0.917**	0.565*	−0.287	0.076	0.147	−0.510*	0.103
L_L/W_L	0.216	0.277	−0.197	0.198	−0.159	0.163	0.170	−0.458
L_{LP}/L_L	−0.439	−0.464	0.182	0.373	0.275	0.638**	−0.640**	0.265
W_{LBEM}/W_L	−0.262	−0.174	−0.078	0.507**	0.269	0.700**	−0.411	−0.049
L_{MWLB}/L_L	−0.266	0.502*	−0.025	−0.006	0.288	−0.115	0.137	0.397

[1] L_L：小叶长；L_{LP}：小叶柄长；W_L：小叶宽；L_{MWLB}：宽基距；W_{LBEM}：脉左宽；A_{LA}：小叶尖角；L_L/W_L：小叶长小叶宽比；L_{LP}/L_L：小叶柄长小叶长比；W_{LBEM}/W_L：脉左宽小叶宽比；L_{MWLB}/L_L：宽基距小叶长比。* $P<0.05$；** $P<0.01$。

7.1.2.5 湖北红椿不同居群的聚类分析

基于供试的 10 个小叶表型性状，采用非加权平均法（UPGMA）对湖北 16 个红椿天然居群进行聚类分析,结果如图 7-1。由图 7-1 可以看出:在欧氏距离 3.892 处,通山九宫山(P13)居群与黄石黄荆山(P14)居群聚为一类,其他 14 个居群聚为另一类。在欧氏距离 2.018 处,后一类可划分为 2 个亚类,鄂西南的来凤三寨坪(P4)居群和鄂东南的崇阳庙圃(P12)居群聚为一个亚类;鄂西南的利川堡上(P1)居群、宣恩金盆村(P5)居群、宣恩大卧龙(P7)居群、咸丰横石梁(P2)居群、宣恩肖家湾(P6)居群、恩施马鹿河(P3)居群、宣恩红旗坪(P8)居群、建始青龙河(P9)居群、鹤峰彭家湾(P10)居群和巴东野三关(P11)居群以及鄂西北的竹山洪坪(P15)居群和谷城玛瑙观(P16)居群聚为另一个亚类。16 个居群间地理距离的自然对数与遗传距离的 Mantel 检验结果表明:二者间的相关性不显著($R = 0.205$,$P = 0.120$)。

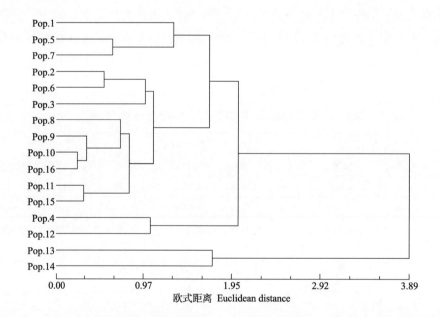

P1:利川堡上;P2:咸丰横石梁;P3:恩施马鹿河;P4:来凤三寨坪;P5:宣恩金盆村;P6:宣恩肖家湾;P7:宣恩大卧龙;P8:宣恩红旗坪;P9:建始青龙河;P10:鹤峰彭家湾;P11:巴东野三关;P12:崇阳庙圃;P13:通山九宫山;P14:黄石黄荆山;P15:竹山洪坪;P16:谷城玛瑙观

图 7-1 基于小叶表型性状的湖北 16 个红椿天然居群的聚类图

7.1.3 研究结论与讨论

7.1.3.1 红椿居群表型变异来源

本研究中,红椿居群间小叶表型性状表型分化系数的均值为 80.73%,高于无患子

(*Sapindus saponaria*)(62.21%)(刁松锋 等，2014)、蒙古栎(*Quercus mongolica* Fisch. ex Ledeb.)(53.97%)(李文英 等，2005)、长柄扁桃(*Amygdalus pedunculata* Pall.)(45.90%)(柳江群 等，2017)、白皮松(*Pinus bungeana* Zucc. ex Endl.)(22.86%)(李斌等，2002)和青梅(*Vatica mangachapoi* Blanco)(18.31%)(尚帅斌 等，2015)，与滇龙胆(*Gentiana rigescens* Franch. ex Hemsl.)(73.14%)(杨维泽 等，2011)和山杏〔*Armeniaca sibirica* (Linn.) Lam.〕(73.03%)(尹明宇 等，2016)接近，但低于夏蜡梅(*Calycanthus chinensis* Cheng et S. Y. Chang)(89.30%)(金则新 等，2012)，说明红椿居群间表型分化水平较高。为了应对不同地区的环境差异，植物小叶形成了稳定的表型遗传特征。首先，湖北整体为西部高于东部、中部为平原和丘陵，地貌差异较大。红椿主要分布在湖北东、西两端，中部江汉平原地区尚未发现天然分布，居群间的环境异质性差异程度远大于居群内，因此，居群间遗传变异的可能性高于居群内。其次，地理隔离会造成居群间基因交流不频繁，红椿小叶表型性状居群间表型分化系数达到 80.73%，远高于居群内表型分化系数，说明红椿天然居群小叶表型性状变异主要源自居群间，也反映出红椿不同天然居群基因与环境互作的复杂性及其适应环境选择压力的广泛程度，是不同环境选择的结果，也是居群分化的源泉(庞广昌 等，1995)。

7.1.3.2 红椿小叶表型性状的变异特征

本研究中，红椿小叶表型性状变异系数均值的变化范围较大(3.31%~21.99%)，主要表现在小叶柄长(19.84%)、小叶尖角(15.35%)和宽基距(13.44%)上。湖北 16 个红椿居群中，仅咸丰横石梁(P2)居群内小叶表型性状变异系数的均值(17.59%)大于 15%，其他居群均低于 15%，表明湖北红椿居群内小叶表型性状变异水平均较低。

7.1.3.3 红椿小叶表型性状间及其与环境因子的关系

红椿小叶表型性状间的相关性分析结果表明：小叶越长，宽基距越长，小叶柄越短，小叶尖角越小，小叶面由卵形向披针形变化；经度与红椿小叶长呈正相关，与宽基距呈显著正相关，但与小叶尖角呈极显著负相关，进一步说明小叶型向披针形变化的显著程度与地理经度变化密切相关。随经度增大，鄂西南、鄂西北居群与鄂东南居群所处地区海拔的差异较大(鄂东南 3 个居群的平均海拔低于 400 m，而鄂西南和鄂西北地区平均海拔为 640 m)，鄂东南居群的年均温明显高于鄂西南和鄂西北居群，同时年日照时数也明显变长。在日照时数较短时，小叶可能通过增大叶尖角和增长小叶柄来获取较大光合面积以提高光合效率。

7.1.3.4 红椿表型变异趋势及种质资源的利用

由于分布和环境条件等因子的综合作用,植物会形成连续变异、不连续变异以及随机变异等多种地理变异模式(陈晓阳 等,2005)。红椿小叶表型性状变异既有连续性又有随机性,如通山九宫山(P13)居群与黄石黄荆山(14)居群聚为一类,鄂西南居群〔利川堡上(P1)居群、咸丰横石梁(P2)居群、恩施马鹿河(P3)居群、宣恩金盆村(P5)居群、宣恩肖家湾(P6)居群、宣恩大卧龙(P7)居群、宣恩红旗坪(P8)居群、建始青龙河(P9)居群、鹤峰彭家湾(P10)居群和巴东野三关(P11)居群〕与鄂西北居群〔竹山洪坪(P15)居群和谷城玛瑙观(P16)居群〕聚为一类,均为相邻地理居群聚类,变异表现为局部地理区域化变异和小叶表型性状连续变异。而鄂西南的来凤三寨坪(P4)居群与鄂东南的崇阳庙圃(P12)居群聚为一类,表现出居群间较高的变异水平,但 Mantel 检验结果表明:在湖北地区,红椿居群间的变异与地理距离相关性不显著,地理变异中存在的随机变异模式或变异的不连续性。

7.2 种实表型变异

保护资源的前提是了解其居群规模和遗传背景,根据其现存居群大小与遗传多样性水平进行针对性的科学保护(Lee et al.,2013)。研究一个物种不同种源的表型变异,有助于全面准确地了解不同种源遗传变异规律和种源内个体的形态变异,为优良种源的选育和种质创新提供理论依据。种实是遗传的集中点,是遗传变异的重要特征之一(Leishma et al.,1995)。植物形态主要受遗传控制,但在不同分布区也会由于适应不同生境而产生分化,其在大尺度上的变化格局通常与气候及纬度梯度有关(Garcia et al.,2000)。因此,从红椿种实表型性状上来研究其表型遗传变异,能在一定程度上更好揭示其遗传变异的大小,以及一定地理区域内,在气候、经纬度梯度上的遗传多样性变化规律,对其种质资源保护与利用,具有重要的理论和实践意义。

7.2.1 统计分析方法

单因素方差分析可以很好地反映不同居群之间的变异情况,因此利用单因素方差分析比较居群间和居群内的差异显著性。用表型性状的变异系数表示其离散程度。计算各居群种实表形性状的 Simpson 多样性指数 ($D = 1 - \sum P_i^2$) 和 Shannon-Wiener 信息多样性指数 ($H = -\sum P_i \ln P_i$,式中 P_i 为某性状第 i 个代码值出现的概率)。采用 Ntsys-2.10e 非加权平均法(UPGMA)(Pigliucci et al.,2006)进行居群间聚类分析。对遗传距离和地理距离进行 Mantel 检验(Mantel, 1967),分析其是否存在地理隔离模式(IBD)。

7.2.2 种实表型变异分析

7.2.2.1 种实表型性状居群间差异

表 7-7 为不同居群间表型性状的方差分析。分析表明,不同居群红椿种实的 12 个指标均呈极显著差异,其差异显著程度的大小次序依次为果纵径、果形指数、单种重、果大小指数、单果重、果横径、种纵径、种大小指数、种形指数、种子数、种横径、种厚度。果纵径、果形指数和单种重是差异性较为突出的性状。

表 7-7 湖北红椿居群间种实表型单因素方差分析

观察指标	平方和	df(自由度)	均方	F	显著性
果纵径	1946.400	7	278.057	116.646	0.000
果横径	155.138	7	22.163	45.777	0.000
果形指数	4.198	7	0.600	106.106	0.000
果大小指数	886436.589	7	126633.798	76.358	0.000
单果重	4.901	7	0.700	74.750	0.000
种子数	405.900	7	57.986	6.975	0.000
单种重	0.605	7	0.086	82.339	0.000
种纵径	750.110	7	107.159	37.970	0.000
种横径	7.310	7	1.044	5.687	0.000
种形指数	18.259	7	2.608	20.686	0.000
种形大小	35600.655	7	5085.808	22.110	0.000
种厚度	0.141	7	0.020	2.794	0.009

7.2.2.2 种实表型特征分析

从表 7-8 变异系数可以看出,不同居群内不同指标间变化范围在 1.97%~18.86%之间。黄石居群变异系数均值最大,竹山最小,可能与其地理区位或气候条件有关。各测量或形状指标居群内变异系数均值均小于居群间,说明变异动力来源于不同种源的地理或环境因子。果形指数变异系数最小,为 3.504%。果形指数为果纵横径的比值,说明果型变异幅度最小,较为稳定。单粒种子重变异系数最大值,为 13.366%。单种重量保证种子结实质量,是种源选择考虑的重要依据。

表 7-8　湖北 8 个红椿居群种实表型性状变异系数

观测指标	变异系数(%)									
	利川堡上村	宣恩金盆村	宣恩大卧龙	咸丰村木田	通山九宫山	黄石黄荆山	竹山洪坪	谷城玛瑙观	平均值	居群间
果纵径	5.26	4.86	4.48	3.87	5.24	6.84	3.21	6.53	5.036	12.620
果横径	5.71	4.06	4.29	4.28	5.06	6.63	1.97	4.99	4.624	8.143
果形指数	3.98	3.22	3.00	2.76	3.02	6.21	2.78	3.06	3.504	8.711
果大小指数	10.00	8.28	8.37	7.67	9.72	11.93	4.57	11.43	8.996	18.881
单果重	14.09	14.38	11.01	10.92	11.46	15.63	3.86	14.82	12.021	26.109
单果种子数	7.01	7.16	8.48	3.28	3.00	5.81	2.82	4.57	5.266	6.40
单种重	16.25	18.6	13.59	9.22	10.7	18.86	5.59	14.12	13.366	31.355
种纵径	4.75	8.94	5.77	5.5	8.93	13.24	5.22	6.68	7.379	12.656
种横径	7.01	8.87	6.91	8.42	8.57	8.22	5.03	8.63	7.708	8.558
种形指数	6.17	9.89	6.88	8.74	13.01	11.82	5.43	8.88	8.853	12.364
种大小指数	10.2	14.92	10.53	11.13	13.06	18.17	8.89	11.78	12.335	17.726
种厚度	10.31	10.34	9.21	9.62	14.51	12.35	7.93	12.16	10.804	11.460

7.2.2.3　种实的表型多样性指数

不同居群红椿种实表型性状多样性指数分析(见表 7-9)表明，8 个居群种实表型 Shannon-Wiener 多样性指数 H 变化范围为 1.161~1.305，Simpson 多样性指数 D 变化范围为 0.530~0.596，说明种群间存在一定的多样性，其中通山居群 Shannon-Wiener 多样性指数和 Simpson 多样性指数最高，大卧龙的 Shannon-Wiener 多样性指数最低，竹山的 Simpson 多样性指数 D 最低。通山、黄石和谷城的 Shannon-Wiener 多样性指数和 Simpson 多样性指数均呈现较高水平，变化趋势表现为从西部到东部的逐渐升高。说明湖北不同种源红椿种实表型随地理经度的升高，多样性较高，变异相对丰富，地理变异趋势较为明显，这与居群间差异和表型特征分析结果基本一致。

表 7-9　红椿 8 个居群种实表型多样性指数

居群	Shannon-Wiener 多样性指数	Simpson 多样性指数
利川堡上村	1.171	0.534
宣恩金盆村	1.175	0.535

(续)

居群	Shannon-Wiener 多样性指数	Simpson 多样性指数
宣恩大卧龙	1.161	0.532
咸丰村木田	1.166	0.531
通山九宫山	1.305	0.596
黄石黄荆山	1.275	0.589
竹山洪坪	1.172	0.530
谷城玛瑙观	1.239	0.567

7.2.2.4 表型性状与地理环境相关性

红椿种实表型性状的相关性分析(见表7-10)表明，湖北红椿居群间种实表型大多数性状间相关显著。果纵径与果形指数、果大小指数、单果重、单种重、种纵径、种形指数、种大小指数均存在极显著正相关（$P<0.01$），与果横径呈显著相关（$P<0.05$）；果纵径与单果种子数、种横径和种厚度相关性不显著。果横径与果大小指数、单果重、单种重呈极显著相关。果形指数与种纵径、种形指数和种大小指数极显著相关。果大小指数与单果重、单种重、种纵径、种大小指数极显著相关。单果重与单种重、种纵径等显著相关。

表7-10 种实12个表型性状间相关性

	果纵径	果横径	果形指数	大小指数	单果重	单果种子数	单种重	种纵径	种横径	种形指数	种形大小
果横径	0.780*										
果形指数	0.847**	0.331									
果大小指数	0.969**	0.910**	0.688								
单果重	0.948**	0.893**	0.668	0.979**							
单果种子数	0.374	0.395	0.232	0.409	0.224						
单种重	0.885**	0.922**	0.539	0.957**	0.936**	0.454					
种纵径	0.923**	0.552	0.931**	0.825*	0.783*	0.398	0.703				
种横径	0.574	0.569	0.369	0.619	0.490	0.759*	0.670	0.597			
种形指数	0.845**	0.394	0.955**	0.704	0.713*	0.124	0.532	0.928**	0.255		
种大小指数	0.897**	0.609	0.837**	0.836**	0.763*	0.552	0.760*	0.965**	0.787*	0.797*	
种厚度	0.085	-0.329	0.396	-0.071	-0.060	-0.089	-0.155	0.387	0.174	0.386	0.359

* $P<0.05$；** $P<0.01$。

由表 7-11 可知，红椿果纵径、果横径、果大小指数、单果重与经度呈极显著负相关（$P<0.01$）。果横径与海拔显著正相关。果纵径、种纵径、种横径与无霜期呈显著正相关，与种大小指数呈极显著正相关。说明无霜期对种实形状的影响较大，红椿种质资源分布是与年均无霜期有密切关系，年积温效应（不是年平均温度）影响红椿种实的变异，同时影响红椿地理种源的分布。

表 7-11　果型性状与地理环境因子间相关性

	经度	纬度	海拔	年均温	年均降水	无霜期	日照时数	相对湿度
果纵径	-0.864**	-0.004	0.394	0.333	0.151	0.714*	-0.642	0.054
果横径	-0.853**	-0.022	0.725*	0.162	0.127	0.457	-0.662	-0.173
果形指数	-0.580	0.071	-0.038	0.334	0.063	0.666	-0.366	0.167
果大小指数	-0.907**	-0.041	0.554	0.301	0.180	0.664	-0.705	0.000
单果重	-0.933**	-0.053	0.614	0.235	0.177	0.639	-0.731*	0.017
单果种子数	-0.189	-0.126	-0.106	0.518	0.201	0.270	-0.161	0.013
单种重	-0.888**	-0.234	0.599	0.390	0.353	0.607	-0.778*	0.171
种纵径	-0.632	0.003	0.145	0.493	0.159	0.760*	-0.491	0.053
种横径	-0.308	-0.369	0.359	0.676	0.528	0.710*	-0.609	0.231
种形指数	-0.582	0.120	-0.025	0.324	0.005	0.619	-0.325	0.045
种大小指数	-0.433	-0.286	0.090	0.700	0.451	0.841**	-0.571	0.374
种厚度	0.353	-0.405	-0.194	0.639	0.453	0.579	-0.194	0.255

* $P<0.05$；** $P<0.01$。

7.2.2.5　红椿居群分类

（1）表型性状间主成分分析

红椿种实表型性状主成分的特征值及贡献率见表 7-12。提取累积贡献率大于 80% 的前 m 个主成分。当 $m=2$ 时，12 个主成分累计贡献率达 83.301%（>80%），前 2 个主成分表征全部因子所代表信息，具有很高可信度。根据前 2 个主成分值，计算并做出主成分散点分析图。图 7-2 可知，通山居群种实表型性状明显游离于其他居群之外。黄石、竹山和通山居群均位于第三象限，与鄂西南的利川堡上村居群、宣恩金盆村居群、宣恩大卧龙居群、咸丰村木田居群和鄂西北的谷城玛瑙观居群离散较明显。湖北 8 个天然居群中，鄂东南黄石黄荆山居群、竹山洪坪居群和通山的九宫山居群与鄂西南居群均保持较为独立的变异连续性，呈现地理隔离模式。

表7-12 前2个主成分值、特征值、贡献率和累计贡献率

表型性状	主成分	
	1	2
果纵径	0.985	0.020
果大小指数	0.963	-0.208
种大小指数	0.949	0.183
种纵径	0.939	0.325
单果重	0.919	-0.167
单种重	0.898	-0.367
果形指数	0.816	0.495
种形指数	0.807	0.495
果横径	0.788	-0.544
种横径	0.695	-0.214
种厚度	0.140	0.840
单果种子数	0.484	-0.329
特征根	8.005	1.991
贡献率(%)	66.710	16.591
累积贡献率(%)	66.710	83.301

(2) 表型性状间的聚类分析

采用非加权平均法（UPGMA），对湖北8个天然居群种实进行聚类分析。由图7-3可知，第一个节点为$\delta=138.47$，将谷城玛瑙观、通山九宫山、黄石黄荆山分为一个类群，利川堡上村、咸丰村木田、宣恩金盆村、宣恩大卧龙和竹山洪坪划分为一个类群。第2个节点$\delta=100.388$，通山九宫山为一类群，黄石黄荆山和谷城玛瑙观聚为一群。依次在低节点$\delta=58.847$时，向下划分，咸丰村木田、宣恩金盆村，宣恩大卧龙和利川堡上村聚为一个类群，竹山洪坪居群单独为一群。聚类分析结果基本与主成分分析基本一致。

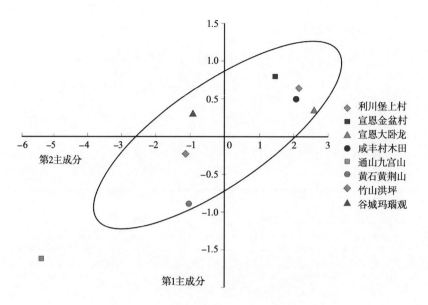

图 7-2 不同居群种实性状主成分散点图

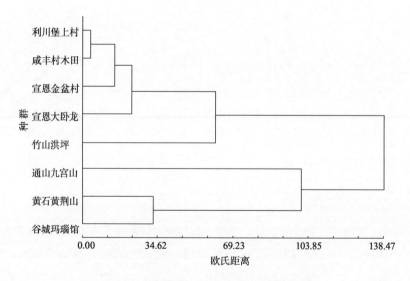

图 7-3 湖北红椿 8 个红椿天然居群聚类

(3) 表型性状间遗传距离与地理距离检验

经 Mantel 检验,湖北红椿 8 个居群种实表型性状的遗传距离与地理距离间 $R=0.783$,$P=0.002<0.01$,表明居群间种实表型变异为显著地理隔离模式。Mantel 检测相关关系散点分布如图 7-4。

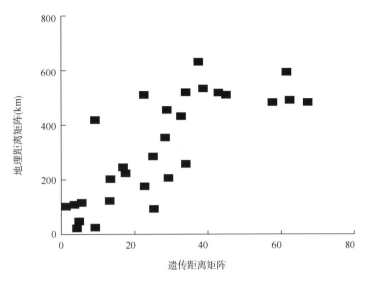

图 7-4 Mantel 检验散点图

表 7-13 不同居群种实遗传距离与标准化地理距离

居群	利川堡上村	宣恩金盆村	宣恩大卧龙	咸丰村木田	通山九宫山	黄石黄荆山	竹山洪坪	谷城玛瑙观
利川堡上村		4.700	4.755	4.647	6.385	6.448	5.507	5.869
宣恩金盆村	3.866		3.345	3.153	6.181	6.260	5.326	5.658
宣恩大卧龙	5.642	9.280		3.905	6.181	6.250	5.186	5.567
咸丰村木田	1.027	4.632	5.056		6.196	6.279	5.426	5.336
通山九宫山	61.487	57.874	67.033	62.265		4.572	6.233	6.078
黄石黄荆山	37.545	33.929	42.918	38.407	24.981		6.236	6.037
竹山洪坪	16.937	13.587	22.556	17.573	45.152	22.668		4.822
谷城玛瑙观	28.573	24.934	34.060	29.389	33.069	9.355	13.378	

注：表中下三角数据为不同居群种实遗传距离，上三角数据为标准化 $\ln(x+1)$ 地理距离。

7.2.3 研究结论与讨论

7.2.3.1 红椿种实变异丰富性

种实表型性状主要受到遗传因素控制，在不同地理分布区也会因适应不同的生境而产生多样性（Garcia et al., 2000）。这主要由于栖息环境条件差异较大，在长期的进化过程中，造成地理隔离、生境片段化和基因流交流不频繁，都会促使一定的表型变异的产生

(李伟 等,2013)。研究发现,不同红椿居群间果纵径、果形指数差异性极为显著。种实性状在种群内的变异系数为 3.504% ~ 13.366%,而居群间种实性状变异系数 6.40% ~ 31.355%之间,居群间的变异远大于居群内部。果纵径为最大性状变异($P<0.01$)($F = 116.646$)、其次从大到小依次为果形指数($F = 106.106$)、单果重($F = 74.750$)和单种重($F = 82.339$),均达到极显著差异,表型多样性指数表明,通山、黄石、谷城多样性指数整体偏高,地理变异趋势明显。表型性状间相关性分析可知,红椿种子质量受地理空间经度变化影响较大,纬度和海拔变化对种实影响不大,但通过日照时数表现出影响,即随纬度增大、海拔升高,单果重下降。红椿种实表型性状与地理环境因子间相关分析表明,种子质量受年积温效应影响较为明显,积温相对较高的生长环境中更适于种子质量的累积,这也反映出红椿强阳性的生物学特性。主成分分析和聚类分析结果表明:通山、黄石和谷城类群遗传距离较近,而竹山、鄂西南类群为典型鄂西类群,与地理方位一致,说明湖北不同种源红椿居群种实表型变异为显著地理隔离模式。

7.2.3.2 红椿遗传育种展望

湖北不同种源红椿种实表型特征的多样性具有地理适应意义。湖北不同种源红椿种实的地理变异特征是随经度变化的,与纬度无明显相关性。果实纵径、横径、单果重、单种重等主要性状指标明显随经度增高而递减。这说明红椿种实的变异与自然分布区内环境异质性有关。湖北为红椿在亚热带自然分布的北缘地带(汪洋 等,2015),湖北境内环境异质性较大,中部跨越江汉平原,生态气候类型差别较大,微立地环境差异十分明显。鄂西地区红椿居群多处于自然保护区,地理环境,生物多样性更为丰富。鄂中地区为平原和低山丘陵,居群自然分布受到阻隔。鄂东南分布区为低山区和低山丘陵,红椿天然居群表型性状与鄂西差异明显。地理隔离造成生态类型的差异,使得红椿不同地理区域居群间种实表型性状自然变异丰富。对天然居群保持较高的遗传多样性是有利的。

7.3 地理变异趋势面

种子和苗木性状的变异是对复杂环境的一种适应,林木种内地理变异是普遍的客观现象。红椿在我国沿热带、亚热带分布广泛,分布区内的不同的地理条件,促成了大量不同的遗传类型(李培 等,2016)。通过湖北地区红椿种质资源调查,基本确定了湖北天然红椿天然居群分布范围。但红椿天然居群地理变异趋势面分析仍无报道。植物表型变异地理趋势面研究,可以作为天然居群地理变异趋势的先期诊断手段(刘志龙 等,2011)。我们对湖北红椿天然居群的 10 个叶表型性状和 12 个种实表型性状进行表型变异的地理趋势研究，揭示红椿天然居群表型性状变异与分布区地理格局的关系，为湖北地区红椿种质资源收集保存、遗传改良、栽培及开发利用提供参考依据。

7.3.1 数据处理与分析

趋势面分析是通过回归分析原理，运用最小二乘法拟合一个二元非线性函数，模拟地理数据在空间上的分布及变化趋势的统计方法。表型变异的趋势面分析就是用多元回归的方法来拟合出一个叶片或种实表型性状与地理经度、纬度的曲面方程。设一组不同地理居群叶片或种实表型性状观测数据为 $z_i(x_i, y_i)(i=1, 2, \cdots, n)$，$x_i$，$y_i$ 为采样居群的经度与纬度。选用以下多项式作为趋势面方程（杨传强，2005）：$z = a_0 + a_1 x + a_2 y + a_3 x^2 + a_4 xy + a_5 y^2 + \cdots + a_p y^n + \varepsilon_i$，$z$ 为随地理变化的表型变量，x，y 为测量点的地理坐标，ε_i 为随机变量（残差值），a_0 为回归方程常数，a_1，a_2，$\cdots$，a_p 表示回归系数。U 表示回归平方和，S 为总平方和，Q 为剩余平方和，总平方和 $S = U + Q$；趋势面拟合度为 $C = US^{-1} 100\%$；显著性检验采用 F 检验。

7.3.2 变异趋势面分析

7.3.2.1 叶表型性状及趋势面分析

不同红椿居群间叶表型性状差异性分析结果表明，叶长、叶柄、叶宽、宽基距、脉左宽、叶尖角、长/宽、叶柄/叶长、脉左宽/叶宽、宽基距/叶长等测量和比值性状均存在极显著差异（见表 7-14），说明不同红椿居群间叶表型性状存在变异。

表 7-14 红椿居群间叶片表型性状差异

性状	平均值	标准差	变异系数（%）	F	最小值	最大值	P 值
叶长（cm）	18.849	2.400	12.73	28.791	12.900	38.380	0.000
叶柄（mm）	7.096	1.858	26.19	9.779	3.140	16.040	0.000
叶宽（mm）	70.567	8.895	12.6	17.062	42.100	99.800	0.000
宽基距（mm）	57.799	10.143	17.55	9.334	22.230	88.400	0.000
脉左宽（mm）	37.766	5.014	13.28	14.855	22.600	62.680	0.000
叶尖角（°）	30.824	7.158	23.22	15.944	11.000	63.000	0.000
叶长宽比	0.269	0.037	13.69	11.950	0.143	0.545	0.000
叶柄/叶长	0.384	0.115	30.07	17.498	0.149	0.810	0.000
脉左宽/叶宽	0.536	0.037	6.92	4.409	0.384	0.866	0.000
宽基距/叶长	3.074	0.434	14.13	4.086	0.915	5.006	0.000

根据2、3、4次趋势面拟合数据，对3个阶次趋势面模型的拟合度进行比较，分析结果见表7-15。由表7-15可见：红椿叶尖角4次趋势面回归模型的拟合度为92.64%，远高于2次和3次趋势面拟合度。因此，4次趋势面具有较高的拟合程度。但从2次趋势面增加到4次趋势面，F值下降。在置信度$\alpha=0.05$水平下，$F>F_{0.05}$，故将趋势面拟合次数由2次增高到3或4次，均对回归方程无新贡献，因而选取2次趋势面比较合适，其分析结果更能表现叶尖角整体变异规律。湖北红椿叶表型性状地理变异规律的二元多次趋势面分析表明，叶表型中只有叶尖角系数与地理变化趋势呈明显的相关性，其他拟合方程由于p值、或拟合度C、F检验达不到要求，而失去意义。红椿叶尖角趋势面方程：$z=-422.793+10.532x+29.240y-4.175x^2-0.429xy+0.793y^2(p=0.000)$

表7-15 红椿叶尖角趋势面拟合效果

拟合次数	U	Q	S	拟合度 $C(\%)$	F	P 值
2	318.481	42.888	361.369	88.13	29.703	0.000
3	314.749	46.621	361.369	87.10	18.566	0.000
4	334.777	26.592	361.369	92.64	25.179	0.000

注：表中U表示趋势面拟合度；U表示回归平方和，Q表示剩余平方和，S表示总平方和。

叶尖角2次趋势面拟合图如图7-5，可以看出，叶尖角的变异表现出经度和纬度的变异二向性。随经度的增加，叶尖角逐渐减小，且变化较快；随纬度的下降，叶尖角逐渐减小，减小趋势较缓；经度对于红椿叶尖角的影响大于纬度。随经度的增加，在东部，红椿叶尖角度随纬度下降先减小再缓慢增大。在西部，叶尖角随纬度下降而缓慢减小。

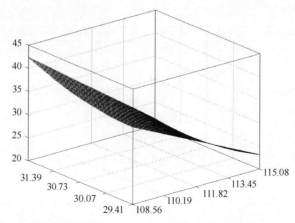

图7-5 小叶尖角2次趋势面[x, y和z轴表示东经(°)、北纬(°)和小叶尖角度(°)]

7.3.2.2 种实表型性状及趋势面分析

不同红椿居群间种实表形性状差异性分析表明，红椿种实12个测量或比值性状均存在极显著差异（见表7-16），说明红椿种实不同表型性状在不同居群间存在不同程度变异。

表7-16 不同红椿居群间种实表形性状差异

性状	平均值	标准差	变异系数(%)	F	最小值	最大值	P值
果纵径(mm)	29.695	4.172	14.050	144.157	20.390	35.880	0.000
果横径(mm)	14.354	1.318	9.180	59.801	11.740	17.380	0.000
果形指数	2.027	0.167	8.240	86.360	1.636	2.358	0.000
果大小指数	430.952	94.849	22.010	102.778	239.379	617.164	0.000
单果重(g)	0.725	0.217	29.930	87.564	0.336	1.157	0.000
种子数(粒)	50.625	3.136	6.190	6.708	40.000	60.000	0.000
单种重(g)	0.209	0.076	36.360	90.882	0.090	0.396	0.000
种纵径(mm)	21.268	2.958	13.910	48.706	13.920	28.220	0.000
种横径(mm)	5.450	0.508	9.320	10.185	4.150	6.660	0.000
种形指数	3.911	0.493	12.610	21.735	2.621	5.171	0.000
种大小指数	116.632	23.201	19.890	31.862	70.157	165.434	0.000
种厚度(mm)	0.765	0.091	11.900	4.249	0.560	1.030	0.000

红椿种实性状趋势面拟合效果见表7-17。红椿种实表型性状4次趋势面的拟合度 C 均达到最大值，可见4次趋势面回归模型的拟合效果最好，远高于2、3次趋势面。F 检验表明，从2次趋势面增加到4次趋势面，果纵径 F 值（173.555）和种纵径 F 值（83.475）的上升，对回归方程贡献较大，可选取4次趋势面拟合模型。而果大小指数、单果重、单种重、种大小指数等测量或比值性状回归方程的 F 值上升幅度较小，甚至下降。在置信度 $\alpha=0.05$ 水平下，经检验，F 值变化均对回归方程无新贡献，因而以上4个性状均选取2次趋势面拟合比较合适。果纵径的4次趋势面、果大小指数和单果重的2次趋势面拟合度分别达到99.77%、93.40%和95.34%。所有表型性状指标的3次趋势面拟合均不显著。

表 7-17 红椿种实性状趋势面拟合效果

拟合次数	果纵径						果大小指数					
	U	Q	S	$C(\%)$	F	P值	U	Q	S	$C(\%)$	F	P值
2	93.095	4.223	97.318	95.66	29.393	0.003	42726.228	1596.136	44322.364	93.40	35.691	0.002
3	89.802	7.516	97.318	92.28	15.930	0.011	42025.183	2297.181	44322.364	94.82	24.392	0.005
4	97.094	0.224	97.318	99.77	173.555	0.006	43887.960	434.404	44322.364	99.02	40.412	0.024
拟合次数	单果重						单种重					
	U	Q	S	$C(\%)$	F	P值	U	Q	S	$C(\%)$	F	P值
2	0.234	0.011	0.245	95.34	27.295	0.004	0.029	0.002	0.030	95.00	25.339	0.005
3	0.231	0.015	0.245	94.06	21.127	0.006	0.029	0.001	0.030	95.14	26.091	0.004
4	0.242	0.003	0.245	98.78	32.471	0.030	0.030	0.001	0.030	97.15	18.780	0.051
拟合次数	种纵径						种大小指数					
	U	Q	S	$C(\%)$	F	P值	U	Q	S	$C(\%)$	F	P值
2	34.560	2.943	37.503	92.15	15.655	0.011	1681.463	98.612	1780.075	94.46	22.735	0.006
3	32.202	5.301	37.503	85.87	8.100	0.036	1569.319	210.756	1780.075	88.16	9.928	0.025
4	37.324	0.179	37.503	99.52	83.475	0.012	1743.009	37.066	1780.075	97.92	18.810	0.051

种实表型的果纵径、果大小指数、单果重、种子纵径、单种重和种大小指数与地理变异呈明显的相关性,其他拟合方程由于 P 值、或拟合度 C、F 检验达不到要求而失去意义,分别对趋势面拟合模型有意义的种实性状趋势面进行分析,具体的拟合方程见表 7-18。

红椿果纵径 4 次趋势面拟合图如图 7-6。从图 7-6 可以看出,果纵径的变异在湖北地区随纬度下降呈抛物线渐变,由西到东,低纬度表现下降,较高纬度表现为先升后降的趋势。果大小指数随纬度上升呈抛物线先升后降,随经度上升单调下降(如图 7-7)。单果重与果纵径的变化趋势基本一致(如图 7-8),但随经度的变化更加显著,即纬度升高,果实重量降低明显;经度的变化上,果实重量变化趋势较果纵径更为显著。

红椿种子性状趋势面拟合分析表明:单粒种重在 2、3 和 4 次趋势面拟合中,拟合度分别到达 95.00%、95.14% 和 97.15%,效果较好,但 F 检验表明 2 次拟合最佳。种纵径 4 次拟合度达到 99.52%,且 F 值在 4 次趋势面为 83.475,4 次趋势面很好表达了其变异趋势。种大小指数的趋势面拟合与单粒种重相似,其 4 次趋势面拟合度为 97.92%,但 F 值低于 2 次趋势面(单粒种重、种纵径与种大小指数趋势面方程见表 7-18)。单粒种重、种纵径与种大小指数等3个性状在湖北地理变异趋势均相对一致(如图7-9、图7-10和图7-11):即在低纬度区域随经度增加,3个性状保持线性下降;随纬度上升先升后降,在中间经纬度区域变化较为平缓。

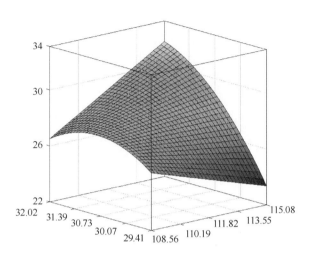

图7-6 红椿果纵径4次趋势面[x, y和z轴表示东经(°)、北纬(°)和果纵径(mm)]

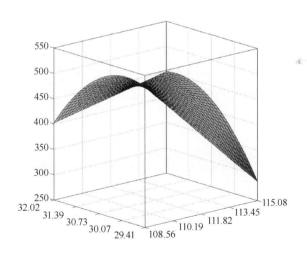

图7-7 红椿果大小指数2次趋势面[x, y和z轴表示东经(°)、北纬(°)和果大小指数]

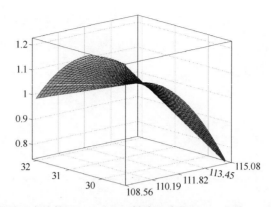

图 7-8 单果重 2 次趋势面 [x, y 和 z 轴表示东经(°)、北纬(°) 和单果重(g)]

表 7-18 红椿种实表型性状趋势面回归方程

性状	拟合次数	趋势面回归方程	P 值
果纵径	4	$z = 156.794 + 4.425x - 21.704y - 1463.608x^2 + 885.875xy + 733.385y^2 - 1471.893x^3 + 453.926x^2y + 7858.141xy^2 + 729.250y^3 - 4.810^{-7}x^4 + 269.219x^3y + 0.0001x^2y^2 - 379.303xy^3 - 0.001y^4$	0.006
果大小指数	2	$z = 31040.313 - 534.107x + 16.464y - 25.288x^2 + 16.912xy - 30.668y^2$	0.002
单果重	2	$z = 53.761 - 0.901x + 13.905y - 33.758x^2 + 0.028xy - 0.051y^2$	0.004
种子纵径	4	$z = 1154.584 - 5.002x - 32.093y + 756.797x^2 - 307.818xy - 523.808y^2 + 760.715x^3 - 168.114x^2y - 11364.484xy^2 - 518.108y^3 - 3.130^{-7}x^4 - 110.439x^3y + 1.102^{-4}x^2y^2 + 154.709xy^3 - 4.443^{-4}y^4$	0.012
单种重	2	$z = 17.999 - 0.298x + 33.395y + 7.234x^2 + 0.009xy - 0.017y^2$	0.005
种大小指数	2	$z = 12261.833 - 220.83x \ 6 - 19.776y - 42.364x^2 + 7.274xy - 13.162y^2$	0.006

注：x：经度 y：纬度。

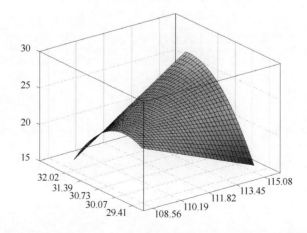

图 7-9 种纵径 4 次趋势面 [x, y 和 z 轴表示东经(°)、北纬(°) 和种纵径(mm)]

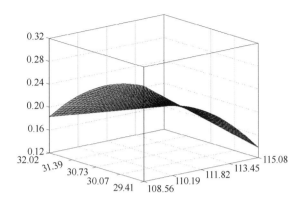

图 7-10 单种重 2 次趋势面[x,y 和 z 轴表示东经(°)、北纬(°)和单种重(g)]

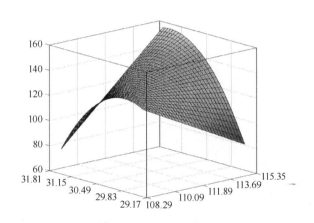

图 7-11 种大小指数 2 次趋势面[x,y 和 z 轴表示东经(°)、北纬(°)和大小指数

7.3.2.3 叶表型性状与地理环境因子的相关分析

红椿叶表型性状与地理环境因子间相关关系见表 7-19。由表 7-19 可知,在湖北地理空间上,经度与红椿叶宽基距($R=0.513$)、宽基距/叶长($R=0.502$)显著正相关($P<0.05$),与叶尖角($R=-0.917$)极显著负相关($P<0.01$),叶形表现出由长卵形向披针形渐变的趋势。而纬度与叶表型性状相关不显著。海拔与叶尖角($R=0.565$)呈显著正相关,表明海拔升高,叶尖角逐渐增大,与湖北地理梯度西高东低变化一致。无霜期与叶柄长($R=0.633$)、叶柄/叶长($R=0.638$)、脉左宽/叶宽($R=0.700$)呈极显著正相关,表明无霜期对叶形比例存在较大影响。年降水量和相对湿度对叶表型影响较小。

表 7-19　红椿叶表型性状与地理环境因子间相关关系

叶表型性状	经度	纬度	海拔	年均温	无霜期	年降水量	相对湿度
叶长	0.426	0.270	-0.280	-0.208	-0.358	-0.281	-0.325
叶柄	-0.388	-0.391	0.078	0.367	0.633**	0.195	0.173
叶宽	-0.066	0.259	0.029	-0.439	-0.387	-0.131	0.004
宽基距	0.513*	0.161	-0.221	-0.126	-0.217	-0.093	-0.103
脉左宽	0.020	0.121	-0.094	-0.231	-0.233	-0.108	-0.009
叶尖角	-0.917**	0.237	0.565*	-0.287	0.147	0.076	0.103
叶长宽比	0.277	0.216	-0.197	0.198	0.163	-0.159	-0.458
叶柄/叶长	-0.464	-0.439	0.182	0.373	0.638**	0.275	0.265
脉左宽/叶宽	-0.174	-0.262	-0.078	0.507*	0.700**	0.269	-0.049
宽基距/叶长	0.502*	-0.266	-0.025	-0.006	-0.115	0.288	0.397

* $P<0.05$；** $P<0.01$。

湖北红椿种实表型性状与地理环境因子间相关关系见表 7-20，湖北地区经度与果纵径（$R=-0.864$）、果横径（$R=-0.853$）、果大小指数（$R=-0.907$）、单果重（$R=-0.933$）、单种重（$R=-0.888$）为极显著负相关（$P<0.01$），表明经度增大，以上种实性状值由西向东递减变异趋势。海拔与果横径（$R=0.725$）显著相关（$P<0.05$），表明海拔升高，日照相对较长，有利于果实和种子质量提高。无霜期与果纵径（$R=0.714$），种纵径（$R=0.760$）、种横径（$R=0.710$）显著相关，与种大小指数（$R=0.841$）极显著相关，说明温度相对较高对种子生长有促进作用。纬度、年平均温度，年降水量和相对湿度对种实性状影响较小。

表 7-20　湖北红椿种实表型性状与地理环境因子间相关关系

种实表型性状	经度	纬度	海拔	年均温	无霜期	年降水量	相对湿度
果纵径	-0.864**	-0.004	0.394	0.333	0.714*	0.151	0.054
果横径	-0.853**	-0.022	0.725*	0.162	0.457	0.127	-0.173
果形指数	-0.580	0.071	-0.038	0.334	0.666	0.063	0.167
果大小指数	-0.907**	-0.041	0.554	0.301	0.664	0.180	0.000
单果重	-0.933**	-0.053	0.614	0.235	0.639	0.177	0.017
种子数/粒	-0.189	-0.126	-0.106	0.518	0.270	0.201	0.013
单种重	-0.888**	-0.234	0.599	0.390	0.607	0.353	0.171

(续)

种实表型性状	经度	纬度	海拔	年均温	无霜期	年降水量	相对湿度
种纵径	-0.632	0.003	0.145	0.493	0.760*	0.159	0.053
种横径	-0.308	-0.369	0.359	0.676	0.710*	0.528	0.231
种形指数	-0.582	0.120	-0.025	0.324	0.619	0.005	0.045
种大小指数	-0.433	-0.286	0.090	0.700	0.841**	0.451	0.374
种厚度	0.353	-0.405	-0.194	0.639	0.579	0.453	0.255

* $P<0.05$；** $P<0.01$。

7.3.3 研究结论与讨论

湖北红椿叶尖角随地理经度变化极显著，果纵径、单果重、种纵径、单种重和种大小指数均表现出南方高于北方，西部高于东部。实际调查中，不同地区也表现出相对独立的地理区域特征，如鄂东南地区的通山九宫山、黄石黄荆山，种实的表型特征较为相似；鄂西南与鄂西北居群表现出两个相对独立的居群特征，与研究结果一致。不同居群间的果纵径、果大小指数、果形指数、单果重与单种重变异系数均较高，其中果纵径、果大小指数、单果重与单种重与经度极显著负相关。果横径与经度极显著负相关，但变异程度并不高；种纵径与种大小指数虽然与经度相关性较低，但趋势面拟合显示其地理经度变异特征较为显著，可能和这两个指标与无霜期的高相关性有一定联系。表型性状与环境因子方面，无霜期与表型性状相关性显著，年平均温度与表型性状相关性虽不显著，但仍然较高。因此，湖北红椿叶尖角、果纵径、单果重、单种重是较为重要和关键的表型性状，对于表型性状的测定与研究十分重要；无霜期和年平均温度是红椿表型变异的主要环境因子。

物种的表型变异程度往往与其分布范围的大小呈正比(Frankham et al., 2002)，树种分布区较大，分布区环境条件越复杂，群体遗传变异越大。分子遗传研究表明，中国地区红椿的遗传变异主要来自种源间，种源呈显著地理隔离模式(李培 等，2016)。虽然红椿在湖北天然分布范围仅占中国分布区的小部分，但湖北独特的西高东低特征，地理隔离模式显著。这使得红椿居群间基因交流受阻，花粉和种子传播相互隔离，会增加居群间基因分化的可能性(Widmer et al., 2009)，可能是表型性状表现出随地理经度渐变趋势的主要因素。这种渐变趋势与青海云杉(*Picea crassifolia* Kom.)(王娅丽 等，2008)、麻栎(*Quercus acutissima* Carruth.)(刘志龙 等，2011)和米老排(*Mytilaria laosensis* Lec.)(袁洁 等，2013)等物种表型变异地理趋势相似。同时，湖北红椿不同经度对应海拔差异较大，使相应年平均温度和无霜期等生态因子差异较大，引起红椿居群间的物候差异，也可能使得红椿表型与地理经度趋势吻合。

趋势面分析在地理变异的线性相关不显著的情况下，往往能收集到可能存在的非线性相关信息，从而能够更精细地刻画出种源的地理变异趋势。高次趋势方程中呈现不同的带状或中心变异模式，能反映出异常高值或低值的变异小群体，对于遗传品种选育具有积极意义。

7.4 基于SSR标记的遗传分析

SSR(simple sequence repeat)分子标记是随机分布在基因组中的一种中性的分子标记，因其共显性遗传、分布广、稳定性和重复性好(Powell et al.，1996)等优点，已成为理想的遗传标记技术。SSR分子标记被广泛应用于重要珍贵乔木树种的遗传研究，如杜仲(苗作云 等，2017)、南方红豆杉(易官美 等，2013)、望天树(张美玲 等，2011)、青檀(范佳佳等，2018)和闽楠(刘丹 等，2019)等均有报道，但应用SSR标记研究香椿属植物遗传多样性报道相对较少。刘军等(2013)利用SSR标记比较研究了毛红椿(*Toona ciliata* var. *pubescens*)核心居群和边缘居群的遗传多样性，湛欣等(2016)通过建立红椿SSR-PCR最佳反应体系，筛选出了适于红椿SSR分析的高多态性引物。以上研究对红椿天然居群的遗传研究奠定了实验基础。

由于红椿天然资源分布范围广，地理环境复杂多变，对天然资源的调查、评价可考虑选择居群的不同地理分布区，运用不同分子标记技术研究其遗传特征。基于SSR标记对不同居群红椿DNA提取和PCR扩增信息，通过遗传多样性分析、居群遗传分化分析、聚类分析以及地理距离与遗传距离相关分析，旨在揭示红椿的遗传多样性水平及成因，为红椿种质资源的保护和开发提供理论依据。

7.4.1 试验方法

7.4.1.1 DNA提取

采用CTAB法提取红椿叶片基因组DNA。1.0%琼脂糖凝胶电泳检测纯度和质量，紫外分光光度计检测DNA浓度。

7.4.1.2 SSR-PCR扩增

基于已经发表的相关文献(湛欣 等，2016；刘军 等；2009；刘军 等，2013；刘军 等，2016)，挑选出多态性较好的29对引物。SSR-PCR反应在BIO-RAD PTC-200 PCR仪(美国伯乐公司)上进行。采用 19 μL PCR 分子标记扩增的反应体系，优化后具体配比为：12.1 μL ddH$_2$O、2.0 μL 模板 DNA、0.1 μLTaq 酶、2.0 μL10×PCR Buffer、1.8 μLMgCl$_2$(25 mmol/l)和 1.0 μl 引物混合液(10 μmol)。

PCR 程序为：94℃ 预变性 5 min；94℃变性 45 s，55℃退火 45 s，共 30 个循环，72℃延伸 45 s；最后 72℃延伸 10 min；在 4℃保温 5 min。PCR 扩增产物保存在 4℃冰箱内备用。共筛选出了 7 对扩增稳定、重复性较好的引物对样品进行 SSR 分析。引物信息如表 7-21 所示。

表 7-21 红椿 SSR 分子标记引物序列

引物	引物组合序列	
S5	F：GTGGCGTAACAGACCAAAAC	R：CCAGAGATACTCCATTCCAG
S11	F：AGTAATAGCCTGTAGAGCAG	R：GAAGAAGGGTGAGCCAGA
S22	F：GAAACCAGCAGGCAGAGC	R：ACCGCATTAGTACCAGTAG
T02	F：TAGGAAAGGCAAGGTGGG	R：GGGTGGTCGATGAGGGTT
T05	F：AGTAATAGCCTGTAGAGCAG	R：AGAGTGGGGTGGTCGATGAG
T07	F：ATGGATGAGTGTGCCGATAGG	R：TGTGATGTAGGAGTCTGAAC
S422	F：ATGGATGAGTGTGCCGATAGG	R：TGTGATGTAGGAGTCTGAAC

7.4.2 数据分析

扩增带型以 0，1 表示。在相同迁移率位置上，有带记为 1，无带记为 0。利用 DataFormater 软件(樊文强 等，2016)对数据进行转换，以满足不同分析软件的输入要求。采用 Popgene Version1.32 计算部分遗传参数，包括：观测等位基因数(Number of allele，N_a)、有效等位基因数(Effective number of allele，N_e)、观测杂合度(Observed Heterozygosity，H_o)、期望杂合度(Expected Heterozygosity，H_e)、和 Shannon 信息指数(I)、引物的多态性信息含量(Polymorphism information content，PIC)、群体内近交系数(Population inbreeding coefficient，F_{is})、遗传分化系数(Genetic differentiation coefficient，F_{st})、基因流(Number of migrants per generation，N_m)、遗传距离(Nei's genetic distance)(Nei et al.，2013)。采用运用 NTSYS-pc 2.10s 绘制基于 UPGMA 的树状聚类图。采用 TFPGA 软件对地理距离与遗传距离进行 Mantel 检验(Mantel，1967)。采用 SPSS 22 进行数据运算。采用 Excel 2013 软件制作图表。

7.4.3 遗传多样性分析

7.4.3.1 SSR位点的多态性

从29对SSR引物获得7对扩增稳定、有效多态性信息含量，并在全基因组分布均匀的标记(见表7-22)。共检测到17个等位基因(N_a)，每个标记平均检测到2.7143个，变幅为2~4个；检测到的有效等位基因(N_e)数15.8214个，平均每标记检测到2.2602个；多态位点百分率(PPB)为49.92%~93.70%，均值为78.82%，表明N_a与N_e差异不大，检测到的位点在居群中分布较为均匀；每标记多态性信息含量(PIC)平均值为0.5182，排列在前的4个位点分别为：S11(0.7473)>T07(0.5789)>S5(0.5340)>T05(0.5211)；Shannon信息指数(I)0.1447~1.2094，平均为0.7321；观测杂合度(H_o)为0.0000~0.5965，平均为0.1055；期望杂合度(H_e)为0.4266~0.6749，平均为0.4956；Nei's遗传多样性指数(H)为0.4228~0.6675，平均为0.4909。7对SSR引物在红椿居群的多态性偏低，但仍适用于分析供试红椿的遗传多样性。

表7-22 7个SSR位点的遗传多样性参数

位点	N_a	N_e	PPB(%)	PIC	H_o	H_e	H	I
S5	2	2.1460	89.30	0.5340	0.0000	0.4444	0.4401	0.6603
S11	4	3.9574	75.20	0.7473	0.0870	0.6749	0.6675	1.2094
S22	2	1.7950	86.63	0.4429	0.0000	0.4266	0.4228	0.6205
T02	2	1.4102	93.53	0.2909	0.5965	0.4695	0.4654	0.1447
T07	3	2.3750	63.50	0.5789	0.0192	0.4796	0.4750	0.8395
T05	2	2.0880	93.70	0.5211	0.0000	0.4708	0.4664	0.6757
S422	4	2.0498	49.92	0.5122	0.0357	0.5037	0.4992	0.9745
Mean	2.7143	2.2602	78.82	0.5182	0.1055	0.4956	0.4909	0.7321

注：N_a为等位基因数；N_e为有效等位基因数；PPB为多态位点百分率；PIC为多态信息含量；H_o为观测杂合度；H_e期望杂合度；H为Nei's遗传多样性指数；I为Shannon多样性指数。

7.4.3.2 居群的遗传多样性

表7-23中，24个红椿居群的遗传多样性参数分析表明：等位基因数(N_a)为1.0000~2.4286，平均为1.2629；有效等位基因(N_e)1.0000~2.2286，平均为1.2081；多态信息含量(PIC)为0%~100%，平均为19.05%；观测杂合度为0.0000~0.2857，平均为

0.1136；期望杂合度为 0.0000~0.6190，平均为 0.1493，表明居群整体多样性水平偏低；Nei's 遗传多样性指数（H）为 0.000~0.5159，平均为 0.1044；仅 P16 居群的遗传多样性高于物种水平（H=0.4909），其他居群多样性（H>0.1000）排列为：P16>P6>P13>P1>P10>P22>P8；Shannon 信息指数（I）为 0.0000~0.8015，平均为 0.1546；表明遗传多样性水平较低。

表7-23 24个红椿居群中的遗传多样性参数

居群	N_a	N_e	PIC	H_o	H_e	H	I
P1	1.1429	1.1429	14.29%	0.1429	0.1429	0.0714	0.0990
P2	1.1429	1.1429	14.29%	0.1429	0.1429	0.0714	0.0990
P3	1.1429	1.1429	14.29%	0.1429	0.1429	0.0714	0.0990
P4	1.1429	1.1429	14.29%	0.1429	0.1429	0.0714	0.0990
P5	1.1429	1.1429	14.29%	0.1429	0.1429	0.0714	0.0990
P6	2.2857	1.8138	100.00%	0.0714	0.4481	0.4107	0.6533
P7	1.1429	1.1429	14.29%	0.1429	0.0952	0.0714	0.0990
P8	1.2857	1.1829	28.57%	0.0357	0.1310	0.1027	0.1528
P9	1.1667	1.1000	14.29%	0.0833	0.0714	0.0625	0.0937
P10	1.2857	1.2101	28.57%	0.0857	0.1302	0.1171	0.1705
P11	1.1429	1.1429	14.29%	0.1429	0.1429	0.0714	0.0990
P12	1.1429	1.1213	14.29%	0.1020	0.0706	0.0656	0.0931
P13	1.4286	1.2527	42.86%	0.2381	0.1810	0.1508	0.2278
P14	1.0000	1.0000	0.00%	0.0000	0.0000	0.0000	0.0000
P15	1.2857	1.2857	28.57%	0.2857	0.2857	0.1429	0.1980
P16	2.4286	2.2286	0.00%	0.1429	0.6190	0.5159	0.8015
P17	1.0000	1.0000	0.00%	0.0000	0.0000	0.0000	0.0000
P18	1.1429	1.1143	14.29%	0.0952	0.0762	0.0635	0.0909
P19	1.1429	1.1429	14.29%	0.1429	0.1429	0.0714	0.0990
P20	1.1429	1.1429	14.29%	0.1429	0.1429	0.0714	0.0990
P21	1.0000	1.0000	0.00%	0.0000	0.0000	0.0000	0.0000
P22	1.2857	1.1708	28.57%	0.0857	0.1175	0.1057	0.1588
P23	1.1429	1.0857	14.29%	0.0714	0.0714	0.0536	0.0803
P24	1.1429	1.1429	14.29%	0.1429	0.1429	0.0714	0.0990
Mean	1.2629	1.2081	19.05%	0.1136	0.1493	0.1044	0.1546

注：N_a 为等位基因数；N_e 为有效等位基因数；PIC 为多态信息含量；H_o 为观测杂合度；H_e 期望杂合度；H 为 Nei's 遗传多样性指数；I 为 Shannon 多样性指数。

7.4.3.3 居群遗传分化

近交系数(F_{is})揭示群体间总样本杂合基因型缺失或过剩状态。表7-24为红椿遗传分化系数和基因流。7个位点中有5个位点的杂合基因过剩，2个位点(S11和T02)缺失，居群平均杂合度较高，表示红椿有近交现象，可能是与红椿小居群特征或地理隔离程度较高有关。遗传分化指数(F_{st})是反映群体间遗传分化的重要指标，F_{st}均值为0.7727，表明居群间有很高程度的遗传分化，T02最低0.2374，但也已达到较高遗传分化水平；S5和S22最高，为0.9148。基因流$N_m>1$，则能发挥均质化作用，即能有效抑制居群间的分化；$N_m<1$时，会促使群体发生遗传分化(Wright, 1951)。24个红椿居群N_m均值为0.0735，表示居群间遗传交流水平低，必然造成居群(F_{st})较高遗传分化。

表7-24 红椿遗传分化系数和基因流

位点	群体内近交系数(F_{is})	遗传分化系数(F_{st})	基因流(N_m)
S5	1.0000	0.9148	0.0233
S11	-0.1232	0.8288	0.0516
S22	1.0000	0.9148	0.0233
T02	-0.7084	0.2374	0.8029
T07	0.7857	0.8233	0.0537
T05	1.0000	0.8921	0.0302
S422	0.6548	0.7914	0.0659
Mean	-0.0096	0.7727	0.0735

7.4.3.4 群体的遗传关系及聚类分析

由表7-25可知，24个红椿居群Nei's遗传距离介于0.0002~2.6346之间，均值为0.5477，其中P4与P16之间遗传距离最大；P7居群与P24居群之间的遗传距离最小。24个红椿居群地理遗传距离范围介于20.202~1154.471 km之间，P1与P23之间地理距离值最大，P14居群与P24居群之间的地理距离最小，均值为491.180 km。根据采用UPGMA法对红椿居群间遗传一致度进行聚类(图7-12)，24个居群聚为3个群组：贵州和广西的居群聚为一组；湖南的居群聚为1组；湖北居群聚为1组。说明24个红椿居群依据地理距离的远近而聚类。

表 7-25 地理距离与 Nei's 遗传距离

Pop	P1	P2	P3	P4	P5	P6	P7	P8	P9	P10	P11	P12	P13	P14	P15	P16	P17	P18	P19	P20	P21	P22	P23	P24
P1	**0.000**	0.1840	0.0002	0.1689	0.1638	1.4266	0.0230	0.1914	0.0482	0.0200	1.2495	1.4949	1.3211	1.3197	1.4110	1.5495	1.3978	1.2541	1.2829	1.2785	1.2644	1.2597	1.3394	1.2691
P2	813.899	**0.000**	0.5017	0.2836	0.2244	0.0001	0.2532	0.1355	0.3211	0.3546	0.1511	0.3965	0.3529	0.1469	0.3755	0.5140	0.3150	0.5466	0.5402	0.1840	0.0811	0.0869	0.1031	0.2076
P3	94.239	745.562	**0.000**	0.1338	0.2381	1.4994	0.0871	0.6241	0.0097	0.0794	1.5593	0.9143	1.5059	1.2339	1.0062	0.5033	1.0501	1.1756	0.9032	0.6447	0.5491	0.5033	0.5378	0.5271
P4	200.399	764.182	121.327	**0.000**	0.2611	0.3794	0.3568	0.1914	0.3211	0.2513	0.6786	0.7592	0.6707	0.4835	0.5154	0.5645	0.3722	0.4609	0.4602	0.3487	0.2663	0.3448	0.3416	0.5824
P5	694.831	216.008	615.055	600.545	**0.000**	0.1278	1.8607	0.0764	0.3211	0.2513	0.1511	0.3965	1.3211	0.6701	0.7162	0.5645	0.9960	0.8925	0.7890	0.3376	0.1656	0.1392	0.1359	0.4228
P6	942.630	394.233	854.178	809.441	288.084	**0.000**	0.5936	0.2195	1.2614	1.1009	0.0997	0.3165	0.2660	0.3297	0.2620	0.3167	0.3543	0.3681	0.3794	0.2724	0.1140	0.1247	0.1203	0.3048
P7	94.373	717.911	58.421	174.249	600.937	851.510	**0.000**	1.8523	1.8260	0.0011	1.4815	1.3376	0.1716	1.3224	1.3224	2.2490	1.3494	1.3381	1.3367	1.3367	1.3494	2.3048	1.3399	1.3367
P8	588.999	244.576	513.711	518.222	128.105	415.348	491.837	**0.000**	0.2731	0.2499	0.1496	0.1034	0.6676	0.7254	0.0795	0.5643	0.5144	0.5259	0.5530	0.1914	0.1348	0.0631	0.1237	0.2886
P9	51.623	764.833	51.287	170.344	643.819	890.660	46.619	536.283	**0.000**	0.0110	1.8260	1.6241	2.4771	1.7843	2.0504	1.6413	1.6359	2.6346	2.6628	1.6724	1.6359	1.6702	1.8391	0.9805
P10	105.825	719.245	28.112	130.579	595.541	937.695	43.327	491.987	56.546	**0.000**	1.3782	1.3291	1.2990	0.9351	1.3135	1.7191	1.8661	1.3291	1.3277	1.3277	1.8661	2.2846	1.3313	1.3277
P11	1102.194	295.379	1031.610	1033.003	438.119	409.258	1006.608	518.472	1051.834	1009.778	**0.000**	0.0922	0.0995	0.1027	0.0963	0.0920	0.0931	0.0971	0.1230	0.1378	0.1559	0.0873	0.0930	0.0918
P12	667.923	249.735	627.351	679.819	354.799	614.673	584.291	273.074	628.524	603.785	518.927	**0.000**	0.0897	0.0888	0.0901	0.0896	0.0902	0.0897	0.0894	0.0925	0.0967	0.0914	0.0954	0.1003
P13	658.233	215.922	610.919	655.850	306.996	569.457	570.941	227.165	615.754	587.346	496.102	47.796	**0.000**	0.0970	0.0970	0.0992	0.0909	0.0915	0.0889	0.1022	0.1068	0.1110	0.1033	0.0910
P14	784.345	155.414	734.238	772.719	331.558	547.032	685.329	297.541	740.855	710.735	390.338	131.978	126.121	**0.000**	0.0922	0.0909	0.0936	0.0876	0.0889	0.2356	0.0936	0.1069	0.1142	0.0907
P15	702.516	233.378	660.920	711.379	351.351	608.035	618.035	288.427	662.272	637.127	491.349	34.232	62.808	43.537	**0.000**	0.0909	0.0936	0.0922	0.0931	0.2355	0.0936	0.0926	0.1002	0.0904
P16	731.596	193.604	686.204	730.671	337.601	576.007	645.371	280.881	690.102	662.422	447.588	32.267	75.212	59.243	43.576	**0.000**	0.0909	0.0846	0.0986	0.2333	0.0989	0.1157	0.1183	0.0907
P17	648.599	292.523	612.780	672.126	388.540	653.713	567.327	297.783	610.703	662.329	559.069	43.109	84.077	111.518	68.878	111.545	**0.000**	0.0963	0.0971	0.2323	0.0995	0.1154	0.0952	0.0943
P18	896.381	298.413	859.041	911.302	494.726	686.210	814.512	460.657	858.245	835.246	435.728	231.839	257.393	185.494	199.733	185.395	247.608	**0.000**	0.0936	0.2069	0.1559	0.0968	0.0970	0.0907
P19	997.076	302.490	952.453	995.339	516.427	669.615	911.266	511.782	955.825	928.686	348.442	328.029	341.271	266.155	293.889	266.143	352.536	121.514	**0.0000**	0.1541	0.0238	0.0176	0.0286	0.0089
P20	824.102	180.008	777.377	817.424	371.063	572.418	737.151	343.091	782.254	753.221	379.222	161.860	166.455	46.169	128.776	92.379	195.463	123.627	177.363	**0.000**	0.0182	0.0166	0.0276	0.0079
P21	1004.299	222.903	932.128	926.337	329.956	305.026	910.554	418.748	955.163	910.704	117.445	467.081	437.295	352.559	446.745	404.053	510.539	441.607	381.901	355.899	**0.000**	0.0998	0.0904	0.0943
P22	1078.720	303.619	1003.264	992.667	391.714	308.371	984.091	492.168	1028.344	982.642	108.409	548.314	518.364	430.732	526.568	483.493	590.942	508.314	436.324	430.933	82.506	**0.000**	0.0986	0.0902
P23	1154.471	357.847	1082.811	1077.884	477.909	401.988	1060.605	569.301	1105.364	1061.561	73.747	588.123	564.382	461.774	562.455	518.883	629.691	508.818	418.347	452.369	152.414	101.020	**0.000**	0.0959
P24	789.9930	174.5340	742.3150	783.321	351.456	409.226	702.080	314.612	747.541	718.582	399.826	129.477	131.412	20.202	97.204	58.386	165.387	146.899	211.513	34.708	368.508	443.241	475.439	**0.000**

注：24 个红椿居群的遗传距离（对角线之上）与地理距离（对角线之下）。

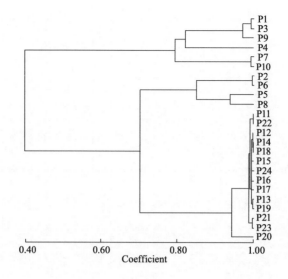

图 7-12 Nei's 遗传距离的 UPGMA 聚类

对不同居群间标准化对数地理距离与 Nei's 遗传距离进行 Mantel 检验（Mantel，1967）（图 7-13），结果表明：24 个居群 Nei's 遗传距离对数化地理距离之间呈显著相关（$R = 0.8171$，$P = 0.000 < 0.01$）。不同居群对数化地理距离与 Nei's 遗传距离散点分布见图 7-13。

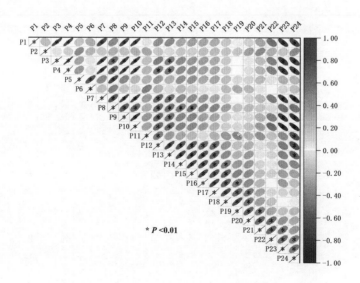

图 7-13 红椿居群对数化地理距离与遗传距离 Mantel 检验

7.4.4 研究结论与讨论

7.4.4.1 红椿的遗传多样性

在物种水平上,红椿居群 Nei's 遗传多样性指数 $H=0.4909$,与 Shannon 多样性指数变化趋势一致,但略低于后者,表明红椿居群遗传多样性处于偏低水平。某一树种的遗传多样性水平及分布格局是地理分布、繁育系统、人为影响等诸多因素共同作用的结果,其中环境变化会造成居群隔离。红椿在国内分布广泛,为了适应复杂多样的环境,衍生出了丰富的遗传信息。本研究红椿居群的纬度变化在 24°2′12″~32°01′36″,南北分布区花期差异最长>30 d,彼此不能传粉,造成生殖隔离,有限的花粉和种子扩散使得有效基因流较小,而且容易造成物种高比例的自花授粉(刘军 等,2013)。红椿主要分布于山区,生境隔离程度较高,加上人为开采严重,生境片断化阻碍了基因流,造成红椿居群遗传多样性偏低。除 P16 居群外($H=0.5159$),23 个居群的遗传多样性水平均低于物种水平($H=0.4909$),高于李培等对中国红椿全分布区的研究结果($H=0.3770$),但居群平均水平($H=0.1044$)低于李培等(2016)的研究(0.1805),这可能与取样区域和范围有关。对比两个研究,可以大致推测:取样的分布区范围越大,红椿物种水平遗传多样性更低,但居群水平遗传多样性整体会略高。

红椿为强阳性树种,如林内植株未能达到林冠层,则在林丛中竞争力不足,林冠下层中小植株往往会死亡。因此,红椿常栖生于光环境较好的溪流、河道边或狭窄的林缘地带,适生生境缩小,个体数量锐减,出现物种小居群现象(汪洋 等,2016)。同时,扩散能力较弱的物种与长距离扩散的物种相比,更容易受到边缘位置的影响(Peakall et al.,2012;Lesica et al.,1995),分布零星的生存策略致使居群内个体难以进行广泛的基因交流,可能引起居群水平上较低的遗传多样性。地势阻挡,人为干扰、花期雨水偏多,也会导致群体内的基因交流减少,引起红椿居群内遗传多样性水平下降。

7.4.4.2 红椿居群的遗传分化

遗传分化程度高,表明从不同居群中任意抽取的两个配子是同源的概率低,居群的遗传组成相似性低。24 个红椿居群的遗传分化系数 $F_{ST}=0.7727$,高于红椿变种毛红椿的核心居群(0.1520)和边缘居群(0.3045)(刘军 等,2013),表明在物种水平上,红椿居群内的遗传变异为 77.27%,大于居群间遗传变异(22.73%),居群内分化是红椿种质资源变异的主要途径,这与李培等(2016)通过 AMOVA 变异分析得出 79.26%的遗传分化存在于种源间结论一致。

遗传分化受到基因流、自然选择和突变的影响（Schaal et al.，1998）。基因流（N_m）是基因在群体中的流动，是影响居群遗传分化的一个重要因素。基因在群体间的流动水平越大，群体越均匀。然而只要基因流是多向性，当每世代居群间迁移的 $N_m \geqslant 1$，基因流就可以防止居群间由遗传漂变引起的遗传分化（Hamrick et al.，1995）。本研究得出红椿的基因流为 $N_m = 0.0735 < 1$，说明居群间的基因交流程度低，加大了居群间的遗传分化。由于基因流主要来自种子流和花粉流，地理阻隔如高山和河流会阻碍基因流（Nagel et al.，2015），红椿的地理分布区差异造成生殖隔离。同时，自然选择和遗传突变也可能增加其遗传分化。

Nei's 遗传距离与居群的地理距离有显著关系。首先，地理距离上相对近的广西田林居群与贵州兴义等6个居群聚为一组；湖南邵阳等3个居群聚为一组，湖北全部14个居群聚为一组。聚类上的分组体现了南北红椿天然居群地理分布区的差异，在生殖上几乎完全隔离，极大程度阻隔了基因流动。各聚类分组内小区域的地理特点以及人为资源占用程度，导致其特有的聚类格局。

CHAPTER 08

红椿优良家系选育

Germplasm Resources of *Toona ciliata* Roem.

随着经济社会的发展，木材需求越来越大，而培育速生大径级用材林不仅可以满足经济社会对木材的需求而且能够获得很大的经济效益。红椿已被列入国家林业和草原局印发的《中国主要栽培珍贵树种参考名录（2017年版）》珍贵大径材乡土树种，而良种则是培育大径材的物质基础。

早期选择是根据树木幼年时期的某些性状标志，来判断成年时期某些性状表现的一种方法，它主要是根据幼年—晚年性状间的相关性来进行的。如果没有出现极端的情况，这种选择是有效的（叶培忠 等，1981）。由于不同地理居群和优树在不同区域的生长表现不同，各地需通过试验研究，选择适合当地自然环境条件的地理居群和优树。许多学者对不同树种开展优树居群子代良种试验，并取得了显著的效益。红椿优树子代研究揭示其半同胞家系间存在较为丰富的变异，表明红椿苗期选育具有潜力（文卫华 等，2012）。红椿优树无性系苗期遗传测定与选择的相关研究却报道较少。

本研究以湖北地区红椿种质资源与优树选择成果为基础，对湖北地区红椿14个居群的优树无性系为试验对象，旨在通过苗高与地径2个生长量指标，选出符合大径材标准（胸径26~36 cm的木材被称为大径材），且优于对照品系的优良无性系。通过无性系苗期测定，选出良种，为后续研究提供试验基础。

8.1 材料与方法

8.1.1 试验地点

试验地位于湖北省谷城县种苗站茨河苗圃。32°05′E，111°47′N，海拔77~81 m。该地属北亚热带季风气候区，具有雨量充沛、光照充足、四季分明、雨热同季、无霜期长等特点，年均降水量800~1200 mm，年均气温15.4℃。试验地地势平坦，土壤为黄棕壤，呈酸性。

8.1.2 实验材料

本试验材料为2013—2015年湖北红椿天然林优树选择的11个居群的红椿优树无性系（汪洋 等，2016；汪洋 等，2016），2016年新增2个居群（黄石和通山）的优树。崇阳优树单株为百年古树。以江夏区优树子代无性系为对照（见表8-1）。

表8-1 红椿居群地理位置、环境因子和优树基本状况

居群	无性系	采种优树状况				
		树龄（a）	胸径（cm）	树高（m）	平均冠幅（m）	材积（m³）
利川堡上村	LC01	25	39.9	19.5	7.30	1.2191

(续)

居群	无性系	采种优树状况				
		树龄(a)	胸径(cm)	树高(m)	平均冠幅(m)	材积(m³)
宣恩大湾龙	DW01	23	34.0	20.5	8.00	0.9306
宣恩金盆村	JP03	22	34.7	19.5	6.70	0.9220
宣恩康家湾	KJ02	16	24.0	18.5	5.10	0.4185
竹山洪坪	ZS04	16	25.3	17.9	6.00	0.4499
谷城玛瑙观	GC04	17	25.7	17.5	7.50	0.4539
湖北生态	CHECK	31	49.0	19.8	7.30	1.8669
通山九宫山	TS02	23	32.5	20.4	7.10	0.8462
黄石黄荆山	HS01	22	37.0	20.7	6.50	1.1128
巴东野三关	BD01	20	29.2	21.5	8.00	0.7199
咸丰横石梁	XF09	40	57.7	23.5	11.00	3.0724
崇阳庙圃	CY02	129	70	23.7	7.9	4.5604
建始青龙河	JS04	31	57.2	26.2	8.10	3.3663
鹤峰彭家湾	HF02	18	25.0	17.6	7.15	0.4320
恩施盛家坝	ES02	23	32.0	20.5	6.00	0.8244

8.1.3 实验设计

2017年3月20日截取不同居群优树无性系顶梢作插条，长8~10 cm，进行扦插育苗。待苗木完全生根后，在6月梅雨季节雨天移栽。采用随机区组设计，30株小区，每行10株，株行距15 cm×20 cm，3次重复。11月初苗木生长停止后，采用电子游标卡尺测量苗木高度(精确到0.01 cm)和地径总生长量(精确到0.01 mm)。

8.1.4 统计分析

(1) 广义遗传力与遗传变异系数

广义遗传力： $$H^2 = \delta_g^2 / (\delta_g^2 + \delta_e^2) \tag{8-1}$$

式(8-1)中：δ_g^2 为遗传方差值；δ_e^2 为环境方差值。

遗传变异系数： $$GCV = \sqrt{\delta_g^2} / X \times 100 \tag{8-2}$$

表型变异系数： $$PVC = \sqrt{\delta_g^2} / X \times 100 \tag{8-3}$$

式(8-3)中：δ_g^2 为遗传方差值；X 为某一性状群体平均值。

(2) 布雷金多性状综合评定法(解孝满 等，2008)

$$Q_i = \sqrt{a_i}\ ;\ a_i = X_{ij}/X_{j\max} \tag{8-4}$$

式(8-4)中：Q_i 为综合评价值；X_{ij} 为某一性状的平均值；$X_{j\max}$ 为某一性状的最优值。n 指计算综合评价值采用的性状个数(n 指的是苗高和地径 2 个性状)。

评定标准：
$$N = Q_i \pm \frac{2}{3} S \tag{8-5}$$

式(8-5)中：S 为 Q_i 标准差；N 为评定标准分界值，评价区间为 $[N_2, N_1]$。

(3) 遗传增益估算
$$\triangle G = H^2 S / X \tag{8-6}$$

式(8-6)中：S 为选择差；H^2 为性状的广义遗传力；X 为某一性状的群体平均值。

用 Duncan's 法对各个无性系苗高和地径进行多重比较。

8.2 分析与评价

8.2.1 苗期生长分析

在试验点对不同红椿居群优树无性系种植 1 a 后的苗木生长情况进行调查，生长量均有明显的差异($P<0.05$)。由表 8-2 可知，14 个无性系中，咸丰(XF09)苗高生长量最大，金盆村(JP03)第二，它们的年生长量分别为 88.352 cm 和 82.795 cm，比对照(WH02)分别高出 10.623 cm 和 5.066 cm；其他居群来源的优树无性系苗木平均苗高均低于对照(WH02)。14 个无性系中，咸丰(XF09)的地径生长量最大，金盆村(JP03)次之，年均生长量分别为 15.111 mm 和 13.972 mm，分别比对照(WH02)高出 2.149 mm 和 1.010 mm；其他居群来源的无性系平均地径均低于对照(WH02)。

标准差和变异系数可以直接或间接地反映苗木生长的整齐程度。从表 8-2 可以看出，黄石(HS01)和咸丰(XF09)苗高的变异系数最低，分别为 0.079、0.089，金盆村(JP03)次之，为 0.117，表明黄石(HS01)、咸丰(XF09)和金盆村(JP03)无性系的苗高生长最为均匀一致。咸丰(XF09)的地径变异系数最低，为 0.116，金盆村(JP03)第二，为 0.134，表明咸丰(XF09)和金盆村(JP03)无性系地径生长最均匀，且地径变异系数低于对照。

表 8-2 湖北红椿无性系苗期生长性状

无性系	苗高 (cm)		地径 (mm)		评价值
	均值、标准差与多重比较	变异系数	均值、标准差与多重比较	变异系数	
LC01	66.219±10.462c	0.158	9.1590±1.301de	0.142	1.070
DW01	68.783±9.198c	0.134	8.745±1.741de	0.199	1.071
JP03	82.795±9.668ab	0.117	13.972±1.877b	0.134	1.252

(续)

无性系	苗高 (cm)		地径 (mm)		评价值
	均值、标准差与多重比较	变异系数	均值、标准差与多重比较	变异系数	
KJ02	70.733±14.542c	0.206	9.771±1.985d	0.203	1.105
ZS04	64.395±9.561c	0.148	8.445±1.769e	0.209	1.043
GC04	66.552±10.435c	0.157	9.946±2.592d	0.261	1.091
WH02	77.729±9.670b	0.124	12.962±1.747b	0.145	1.210
TS02	69.043±10.122c	0.147	11.596±1.894c	0.162	1.142
HS01	56.790±4.743d	0.079	8.850±1.975de	0.223	1.018
BD01	64.948±11.566c	0.178	8.735±1.341de	0.150	1.053
XF09	88.352±7.873a	0.089	15.111±1.752a	0.116	1.298
CY02	70.319±8.677c	0.120	9.213±1.599de	0.173	1.090
JS04	65.752±9.686c	0.147	9.207±1.716de	0.186	1.069
HF02	68.838±7.391c	0.135	9.627±1.893de	0.197	1.093
ES02	68.943±7.566c	0.132	9.910±1.843d	0.186	1.101

Duncan多重比较方法结果表明：与其他无性系比较，苗高生长差异最不显著的是XF09，其次为JP03；地径生长差异最不显著的是XF09，其次为JP03和对照WH02，与其他居群的地径生长量都存在明显差异。

8.2.2 无性系遗传分析

对参试的优树无性系进行方差分析（见表8-3）。结果表明，不同无性系间的苗高、地径均达到极显著差异水平，说明在气候、育苗管理相同的情况下，变异由遗传因素决定。因此，利用苗高和地径指标，从中初步选择优良无性系是可行的。

表8-3 苗高和地径的方差分析

生长因素	变异来源	平方和	df	均方	F	P值
苗高	无性系	17669.720	14	1262.123	13.576**	0.000
	无性系内	27890.010	300	92.967		
	总计	45559.730	314			
地径	无性系	1269.761	14	90.697	27.252**	0.000
	无性系内	998.433	300	3.328		
	总计	2268.194	314			

** $P<0.01$。

要提高选择效果,就必须了解被选择群体的遗传变异动态,即遗传组成或遗传力(马育华,1980)。苗高和地径的遗传方差、环境方差、广义遗传力、遗传变异系数和表型变异系数等见表8-4。从表8-4可以看出,湖北红椿不同居群优树无性系苗高和地径的广义遗传力均较高,分别为37.455%和55.558%,地径的广义遗传力大于苗高。苗高的遗传方差占比小于环境方差,而地径的遗传方差占比大于环境方差,表明苗高受环境控制高于地径,而地径主要受遗传控制。由表8-4可知,红椿无性系苗高和地径的遗传变异系数分别是10.657%和19.707%,选择能获得较大的遗传增益。

表8-4 生长因素的遗传参数

	平均值	变幅	标准差	遗传方差	环境方差	广义遗传力(%)	遗传变异系数(%)	表型变异系数(%)
苗高	70.013	36.40~102.80	12.046	55.674	92.967	37.455	10.657	17.414
地径	10.350	4.66~18.310	2.688	4.160	3.328	55.558	19.707	26.439

9.2.3 无性系选择评价

选择苗高和地径两个苗期生长指标为评价指标,采用布雷金多性状综合评定法,对苗高和地径加权评价,评价值及排序数据见表8-2。

评价计算结果为:N_1 = 1.167,N_2 = 1.061,$\overline{Q}_i$ = 1.114。依此将14个无性系划分为4个生长表现不同的等级:①Q_i>1.167,为优等;②$\overline{Q}\leqslant Q_i \leqslant N_1$,为良好;③1.061$\leqslant Q \leqslant \overline{Q}_i$,为中等;④$Q_i\leqslant$1.061,为不合格无性系。依据此标准,选择XF09(1.298)、JP03(1.252)为优秀无性系。无性系XF09和JP03特别突出,平均苗高生长量分别为88.352 cm、82.795 cm,分别比对照(WH02)高出10.623 cm和5.066 cm;XF09和JP03地径年平均生长量达15.111 mm和13.972 mm,分别比对照(WH02)高出2.149 mm和1.010 mm。而仅有无性系TS02(1.142)为良好。无性系KJ02(1.105)、无性系GC04(1.091)、无性系LC01(1.070)、无性系DW01(1.071)、无性系CY02(1.090)、无性系JS04(1.069)、无性系HF02(1.093)、无性系ES02(1.101)为中等;无性系BD01(1.053)、无性系ZS04(1.043)、无性系HS01(1.018)等3个为不合格无性系。4个生长表现不同的等级为选择优良红椿无性系提供了参照标准。

8.2.4 遗传增益估算

遗传增益估算见表8-5。排列前2位的无性系入选,对应综合评价值第1组(优等),

即 XF09 和 JP03，其所获得的苗高和地径的遗传增益分别为 8.325% 和 22.502%。若选择前 3 个无性系，获得的苗高和地径的遗传增益仅分别为 5.377% 和 17.541%，随着选择群体和入选率的增大，选择差和选择响应变小，说明了选择的群体不同，其增益各不相同。若选择前 11 个无性系，获得的苗高和地径的遗传增益仅为 1.066% 和 2.325%，其遗传增益逐渐变小，使选优失去意义。

经综合评价选择，选出苗高和地径生长均表现良好的无性系 XF09 和 JP03。2 个无性系平均苗高年生长量为 88.352 cm 和 82.795 cm，高出对照 26.19% 和 18.26%；2 个无性系平均地径年生长量为 15.111 mm 和 13.972 mm，高出对照 46.00% 和 35.00%。选择这 2 个无性系进行居群实验，所获苗高和地径的遗传增益分别为 8.325% 和 22.502%，若选择 XF09 和、JP03 和 TS03 等 3 个无性系进行后续试验，其所获得的苗高和地径的遗传增益分别为 5.377% 和 17.541%。选择群体增大，遗传增益逐渐变小。

表 8-5 遗传增益估算

入选	入选率(%)	苗高				地径			
		选择差	选择响应	选择强度	遗传增益(%)	选择差	选择响应	选择强度	遗传增益(%)
2	14.286	15.561	5.828	1.271	8.325	4.192	2.329	1.560	22.502
3	21.429	10.051	3.865	0.821	5.377	3.210	1.816	1.194	17.541
11	78.571	1.992	0.746	0.163	1.066	0.418	0.241	0.156	2.325
14	100.00	0	0	0	0	0	0	0	0

8.3 研究结论与讨论

本研究材料采集自湖北红椿天然分布区 14 个不同居群的优树，集中收集在江夏红椿种质资源圃。试验地谷城位于湖北省西北部，境内有天然分布的红椿居群，但其在自然生境上与其他居群存在一定差异。因此，开展不同居群红椿优树无性系试验具有一定的引种意义。选出的红椿无性系在苗高和地径生长量上，均优于对照和谷城本地优树无性系，并能很好的适应当地的气候。

苗高和地径是最重要的 2 个生长量指标。苗期生长测定结果表明，苗高的变异幅度为 36.40~102.80 cm，地径的变异幅度为 4.66~18.310 mm。红椿无性系间，苗高和地径生长存在极显著差异。苗高和地径的广义遗传力（H^2）分别为 37.455% 和 55.558%；地径的广义遗传力高于苗高。由于试验对照（WH02）为20世纪70年代选优良种，试验对照标准高。综合选择表明，XF09和JP03评价指数分别为1.298和1.252，分别高出对照7.27%和3.47%。虽然广义遗传力并非特别高，但14个无性系中选择2个优良无性系XF09和JP03，苗高与地径的遗传增益分别达到8.325%和22.502%。因此，无性系早期选择，可以获得较好的遗传改良效果。同时由于是早期的选择，育苗生长期仅为8个月，且湖北省内收集的种质资源十分有限，因此选择面不宜过大。

不同居群无性系苗期遗传测定与选择，不同树种表现不同。红椿优树子代苗期选出的优良家系，在后期生长进程中尚不稳定（文卫华 等，2012）。多项优树无性系苗期选优研究表明，无性系早期选择的具有较高可行性和可靠性（周永学 等，2004；季孔庶 等，2004；解孝满 等，2008；史富强 等，2014；屈楚秦，2017）。从此次红椿优树无性系初选结果看，不同居群的红椿无性系引种已表现出一定的适应性，且有良好生长优势及潜力。

仅选择苗高和地径两个生长量为指标，是不够全面的。本研究仅以红椿速生丰产为选育目标，其研究结果具有一定实践意义。初选出的2个无性系，将进一步用于鄂西北造林试验。

APPENDIX

附录

一、湖北自然概况

湖北位于中国的中部，简称鄂。地跨 108°21′42″E ~ 116°07′50″E，29°01′53″N ~ 33°6′47″N。土地总面积 $1858.89×10^4\ hm^2$，占全国总面积的 1.94%。湖北东邻安徽，南界江西、湖南，西连重庆，西北与陕西接壤，北与河南毗邻。东西长约 740 km，南北宽约 470 km。全省植被覆盖面积为 $162.428×10^3\ km^2$，其中乔木林面积 $66.519×10^3\ km^2$，灌木林 $19.912×10^3\ km^2$，其他乔灌混合林、竹林和疏林 $3.845×10^3\ km^2$，天然草地 $11.512×10^3\ km^2$（湖北省第一次全国地理国情普查领导小组办公室，2017）。

（一）湖北地貌概况

湖北处于中国地势第二级阶梯向第三级阶梯过渡地带，地势呈三面高起、中间低平、向南敞开、北有缺口的不完整盆地。地貌类型多样，山地、丘陵和岗地、平原湖区兼备各占湖北省总面积的 56%、24% 和 20%。地势高低相差悬殊，西部号称"华中屋脊"的神农架最高峰神农顶，海拔达 3105 m；东部平原的监利县谭家渊附近，地面高程为零。湖北西、北、东三面被武陵山、巫山、大巴山、武当山、桐柏山、大别山、幕阜山等山地环绕，山前丘陵岗地广布，中南部为江汉平原，与洞庭湖平原连成一片，地势平坦，土壤肥沃。除平原边缘岗地外，平原海拔多在 35 m 以下，略呈由西北向东南倾斜的趋势。

1. 水平地带性

湖北属于亚热带向暖温带的过渡带。根据温度、水分条件以及水热的对比关系，在划分温度带和干湿区域的基础上，湖北可划分为两个自然地带，即北亚热带落叶阔叶常绿阔叶混交林黄棕壤地带，中亚热带常绿阔叶林红壤黄壤地带。

2. 非地带性

湖北地质地貌分异突出。体现为：鄂东鄂西不同地势引起明显的地域分异，复杂的地貌结构所导致的地域分异，山脉走向和坡向坡度对水热分异的影响，地质发育地表物质成分所引起的分异。

3. 垂直带性

湖北省是一个多山的地域，海拔 500 m 以上的山地约占全省总面积的 56%，形成山地特有的垂直带谱。各垂直带谱均以常绿、落叶阔叶混交林黄棕壤或黄褐土为基带，而山地黄棕壤为优势的建谱土壤类型，表征北亚热带垂直带谱的特征。

(二) 湖北气候概况

湖北地处亚热带，位于典型的季风区内。全省除高山地区外，大部分为亚热带季风性湿润气候，光能充足，热量丰富，无霜期长，降水充沛，雨热同季。全省大部分地区太阳年辐射总量为 85~114 kcal/cm²。多年平均实际日照时数为 1100~2150 h，其地域分布是鄂东北向鄂西南递减，鄂北、鄂东北最多，为 2000~2150 h；鄂西南最少，为 1100~1400 h；其季节分布是夏季最多，冬季最少，春秋两季因地而异。全省年平均气温 15~17℃，大部分地区冬冷、夏热，春季温度多变，秋季温度下降迅速。一年之中，1月最冷，大部分地区平均气温 2~4℃；7月最热，除高山地区外，平均气温 27~29℃，极端最高气温可达 40℃以上；全省无霜期在 230~300 d 之间。各地年平均降水量在 800~1600 mm 之间；降水地域分布呈由南向北递减趋势，鄂西南最多达 1400~1600 mm，鄂西北最少为 800~1000 mm。降水量分布有明显的季节变化，一般是夏季最多，冬季最少，全省夏季雨量在 300~700 mm 之间，冬季雨量在 30~190 mm 之间。6月中旬至7月中旬雨量最多，强度最大，是湖北的梅雨期。湖北自然地带气候概况见附表 1-1。

附表 1-1 湖北自然地带气候概况

自然区域	≥10℃积温(℃)	≥10℃积温期(d)	最冷月均温(℃)	极端低温多年均值(℃)	≥2℃无霜期(d)	年降水量(mm)
秦岭武当山脉区	4900~5100	230~235	1.6~3.2	−6~−9	230~250	<900
大巴荆山山脉区	<5000	<230	3.2~1.6	<−6	240~<230	1000~1500
鄂北岗地	<5000	<230	<2.7	−7~−9	230~240	<900
鄂中丘陵区	4500~5100	230~235	2~3	−7~−8	230~240	900~1100
桐柏丘陵区	<5100	<230	3~<2	<−8	230	900~1100
大别低山丘陵区	5100~5300	235~240	2.5~4	−7~−8	230~260	1100~1400
江汉平原区	5100~5300	235~240	3~4	−5~−9	240~260	1100~1300

（续）

自然区域	主要特征					
	≥10℃积温（℃）	≥10℃积温期（d）	最冷月均温（℃）	极端低温多年均值（℃）	≥2℃无霜期（d）	年降水量（mm）
鄂东沿江平原	>5300	>240	3~4	-5.5~-7.5	>260	1200~1400
幕阜丘陵区	<5300	235~240	>4	-7~-8	250~260	1400~1600
鄂西南山区	<5000~5300	240-245	3~4	-3~-8	230~280	1000~1600
山峡谷地区	5300-5500	>245	5~6.5	-2.5~-3	270~290	1200~1400

湖北北亚热带可划分为7个自然区，其中的5个位于中、东部的平原丘陵和低山地域，即鄂北岗地区、鄂中丘陵区、桐柏山丘陵区、江汉平原区和大别山低山丘陵区。另两个位于鄂西北山地，即秦岭武当山地区和大巴荆山山地区。中亚热带的可划分为鄂东南沿江丘陵性平原区和幕阜低山丘陵区、鄂西南山原区和三峡冬暖谷地区山地区（吴永成，1983）。湖北综合自然区划等级单位见附表1-2。

附表1-2 湖北综合自然区划等级单位表

气候带	自然地带	气候分区
北亚热带	秦岭武当山地区	温和湿润半湿润区
	大巴荆山山地区	温凉湿润区
	鄂北岗地区	温和湿润区
	鄂中丘陵区	温和湿润区
	桐柏丘陵区	温和湿润区
	大别低山丘陵区	温暖湿润区
	江汉平原区	温暖湿润区
中亚热带	鄂东沿江平原区	温热湿润区
	幕阜丘陵区	温暖潮湿区
	鄂西山原区	温和冬暖湿润区
	三峡谷地区	温和冬暖湿润区

(三) 土壤与植被概况

应用"土壤发生分类"系统，湖北省土壤分布类型共分 12 个土纲，61 个土类，227 个亚类。湖北省土壤主要有水稻土、潮土、黄棕壤、黄褐土、石灰(岩)土、红壤、黄壤及紫色土等类型。黄棕壤广泛分布在鄂西南山区和鄂北地区；红壤主要分布在鄂东南海拔 800 m 以下的低山、丘陵或垅岗和鄂西南海拔 500 m 以下的丘陵、丘陵台地或盆地；黄棕壤分布于湖北各地，以郧阳、黄冈、宜昌、孝感等地的面积较大；石灰土分布广泛，以鄂西山地面积最大；水稻土主要分布在江汉平原。

湖北地貌复杂，气候多样，故植被类型繁多(王映明，1986)。湖北植被的地理分布明显地受水热因素的规律性控制，植被的纬向性分布规律十分明显：北部为北亚热带常绿阔叶落叶阔叶混交林地带，土壤带谱属黄棕壤地带；南部为中亚热带常绿阔叶林地带，土壤带谱属红壤黄壤地带(吴永成，1983)，湖北自然地带主要土壤和植物群系见附表 1-3。植被的经向地带性规律显而易见：东部植被基本为华中成分，与华东区系有密切联系；西部则为典型的华中成分，与西南关系十分密切。山地植被的垂直分布受气候因素所导致的植被演替系列而出现有规律的变化(王映明，1995)。湖北土壤多样性以及人类经济活动等因素，也对植被的分布产生影响。以《1：100 万中国植被图集》为基础，采用 WGS1984 地理坐标系，数字化湖北省植被类型分布数据。湖北省植被类型分为 3 个级别：第一级(植被大类)包括 11 个植被型组；第二级(植被亚类)包括 53 个植被型和 2 个植被亚型；第三级(植被名称)包括 11 个群系组，571 个群系和 4 个亚群系。主要植被类型分布见附图 1-1。复杂的地貌，多样的气候和丰富的植被类型，为红椿种质资源分布奠定了必备的环境基础。

附表 1-3 湖北自然地带主要土壤和植物群系

自然区域	土壤类型	植物群系组成或常见树木
秦岭武当山脉区	山地属于山地黄棕壤-山地棕壤垂直带谱，盆地有黄褐土和水稻土	以马尾松、栎属为主构成的混交林，常见乌桕、枫香、椿、槲等
大巴荆山山脉区	山地土壤垂直带谱自下而上为次生黄褐土-山地黄棕壤-山地黄壤-山地棕壤-森林砾土	神农架植物垂直带复杂，天然植物种类繁多
鄂北岗地	旱地为黄褐土、平原为泥潮土	多为次生林，松科占优势，栎属、枫杨、槐、楝、小叶杨分布普遍
鄂中丘陵区	低山丘陵为黄棕壤和山地棕壤，平畈为水稻土	以马尾松栎林为主，栓皮栎、槲栎常见

(续)

自然区域	土壤类型	植物群系组成或常见树木
桐柏丘陵区	垂直带谱自下而上依次为黄褐土-山地黄棕壤-山地棕壤-平畈水稻土	以马尾松栎林为主,常见树种以马尾松、栓皮栎、黄山栎、茅栗
大别低山丘陵区	山地棕壤与山地黄棕壤	马尾松林、油茶分布
江汉平原区	主要为潮土、水稻土和沼泽土	平原低地广植枫杨、楝、泡桐、枫香、水杉等;丘陵多次生马尾松林,与杉木、栎属混生
鄂东沿江平原	棕红壤(红黄土)、潮土和水稻土	丘陵区以马尾松、杉木为主,还有多种栎属、槠、樟、枫香、化香、柳、枫杨、泡桐等
幕阜丘陵区	低山丘陵自下而上依次红壤-山地黄壤-山地黄棕壤-山地草甸土	常绿阔叶林主要有苦槠、甜槠、柯、樟、石栎、青冈栎;混生落叶有枫香、檫木、柏木、栎属;针叶常见马尾松
鄂西南山区	山地黄壤-山地黄棕壤-高山草甸土	800 m 以下马尾松优势、与杉、栎混生;800~1600 m以杉木为主,还有华山松、檫木、水青冈等;2000 m 以上以冷杉、云杉、红桦为主
山峡谷地区	山地黄壤和紫色土	800 m 以下多马尾松、杉木、柏木、樟等,以及楠属和栎属

二、红椿育苗技术

(一)浸种

红椿种子必须浸种,才能提高发芽率。种子处理方法有两种。其一用温水处理,其二用吲哚丁酸处理。

(1) 温水浸种:温水浸种时,先将种子放在 0.5% 高锰酸钾浸种 2 h,45℃ 左右的温水里浸种,待温水自然冷却浸种 48 h 后,再把浮在水面上劣种捞去,继续用清水浸种 24 h,并用清水冲洗干净,采用 1∶500 甲基托布津拌种。捞在箩筐里,放在阴凉通气的地方催芽,每天用温水喷洒 1 次,当有 20% 的种子裂白嘴后,草木灰或细泥拌和,即可播种。

(2) 激素浸种:将种子放在植物激素(吲哚丁酸 50~200 mg/L)溶液里浸种 8 h 后,再将种子捞在箩筐里滤水。采用 1∶500 甲基托布津拌种,稍晾干用草木灰或细泥拌和,即可播种。

(二)播种育苗

种子播种有两种。撒播和条播、容器育苗。

(1) 撒播:先把种子均匀撒播在床面上(床面宽 1~1.2 m),种子播种完毕后,再盖上一层营养土,以不见种子为好。然后覆膜(拱棚),并盖上遮阳网(50%~70%),保持种子的温湿度,使种子能及时萌芽出土。

(2) 条播:在床面上的开条状小沟,沟深 5 cm,沟宽 10 cm,沟距 20 cm。然后将种子点播在沟里,种子点播要均匀。点播后,要盖上一层营养土,以不见种子为好。然后覆膜(拱棚),并盖上遮阳网(50%~70%),保持种子的温湿度,使种子能及时萌芽出土。田间操作一般采用条播。

(3) 容器点播:一个容器袋里点播 2~3 粒种子,以便预防出苗时个别容器袋里缺苗可补植。种子点播完毕后,再喷洒一遍清水。喷水时,要把容器袋喷水湿透,保持袋子里具有一定的水分,使种子能及时吸收早日出土。然后盖棚 80~100 cm 高。

(三)苗间管理

(1) 水分管理:用喷壶浇水。避免阳光直接照射晒干种子并保持育苗容器湿润。约 15~20 d 后种子陆续出土。幼苗出土至真叶出现约需 1 周。红椿幼苗早期生长较慢,前 2 个月可适当遮阴。

（2）除草施肥：当苗木长出 5~8 cm 时，床面长出幼草时，即可除草。除草前，将床面用清水喷湿透。除草后，再用清水把苗木喷湿，让松动的苗木与土壤蘸在一起，可提高苗木的生长率。

（3）施肥：施肥要少量多次，一般以每年 3 次为宜。第 1 次于 6 月底至 7 月初施复合肥 37.5~45 kg/hm^2；第 2 次于 7 月底施复合肥 60~75 kg/hm^2；第 3 次于 8 月中旬后施复合肥 135~150 kg/hm^2。追肥时间，最迟必须在 9 月中旬前完成，确保苗木完全木质化，以利于苗木安全越冬。

（4）间苗补苗：苗高 8~10 cm 时进行间苗，以确保合理的苗木密度。间出的小苗另外移植培育。间苗，一般在下雨天后、或阴天和傍晚进行。床面若干燥，先用清水把床面喷湿，再把床面生长较密的苗木间疏掉，补植空地或比较稀疏的床面。苗木补植后，再用清水把床面喷透，使松动的苗木与土壤蘸在一起，提高苗木生长率。当苗木生长到 10 cm 左右，就逐步可把遮阴网撤掉，创造较高相对湿度，同时让苗木接触外界自然环境生长。容器育苗同上。

（四）病虫害防治

（1）虫害：红椿主要的虫害有褐边绿刺蛾、云斑天牛病。如出现刺蛾等食叶害虫，用 40% 三唑磷 400~500 倍液防治。

（2）病害：红椿主要的病害有根腐病、叶锈病、干枯病、白粉病。可用代森锌灌根，波尔多液、代森铵等喷洒根基部。用石硫合剂及粉锈宁防治叶锈病。用石硫合剂和波尔多液、退菌特、粉锈宁等防治白粉病。出苗后，每 10 d 喷一次甲基托布津、代森锰锌或者多菌灵。轮流喷施，以免单种药物失效，浓度为 800~1000 mg/kg。

（五）苗木分级

苗木生长到 10 月底，苗木就停止生长。苗木平均可高达 100 cm，地径粗 0.5 cm。苗木要进行分级统计，合格苗木一般为 22.5~35.0 株/m^2。

（六）经验总结

红椿播种育苗，采用不同的方法浸种。用植物激素吲哚丁酸溶液浸种的种子，比用温水浸种的种子可提前生根，萌芽率强，种子发芽率高 16.1%，出苗整齐，苗木生长快，苗木高生长比温水浸种苗高 9.4%，地径比温水浸种苗粗 11.0%，是提高种子发芽率比较理想的方法。

育苗结束待苗木停止生长，测定苗高、地径等生长量，以便了解苗木生长情况。红椿自3月播种至10月底基本停止生长，高生长量可达80~100 cm以上。6~7月苗木生长很快，7月下旬至9月中旬苗木高生长最快，9月中旬以后进入缓慢生长，10月底基本停止长高。红椿苗期采用复合肥作追肥可避免烧苗且方法简单、效果更好。频繁采用尿素等氮肥追肥，易引起烧苗。7月下旬至9月中旬，苗高生长量占全年苗高生长量的70%，该时期一定要加强圃地的土肥水管理。

容器育苗的种子可提前生根，萌芽率强，发芽率比苗床育苗高11.6%，出苗整齐苗木生长快，容器苗比苗床苗高8.2%，地径比苗床苗粗9.0%，育苗简单，造林成活率高，成本低，经济效益高，是当前值得推广的造林技术。

三、研究区样地主要物种名录

(一) 咸丰横石梁

物种名	拉丁名
铁苋菜	*Acalypha australis* L.
土牛膝	*Achyranthes aspera* L.
铁线蕨	*Adiantum capillus-veneris* L.
三叶木通	*Akebia trifoliata* (Thunb.) Koidz.
八角枫	*Alangium chinense* (Lour.) Harms.
瓜木	*Alangium platanifolium* (Sieb. et Zucc.) Harms.
喜旱莲子草	*Alternanthera philoxeroides* (Mart.) Griseb.
葎叶蛇葡萄	*Ampelopsis humulifolia* Bge.
点地梅	*Androsace umbellata* (Lour.) Merr.
青蒿	*Artemisia carvifolia* Buch.-Ham. ex Roxb.
荩草	*Arthraxon hispidus* (Trin.) Makino
毛叶对囊蕨	*Deparia petersenii* (Kunze.) M. Kato
重阳木	*Bischofia polycarpa* (Levl.) Airy Shaw
苎麻	*Boehmeria nivea* (L.) Gaudich.
密花苎麻	*Boehmeria penduliflora* W. J. Hooker & Arnott
构树	*Broussonetia papyrifera* (Linn.) L'Hér. ex Vent.
醉鱼草	*Buddleja lindleyana* Fortune
天名精	*Carpesium abrotanoides* L.
决明	*Senna tora* (Linnaeus) Roxburgh
栲	*Castanopsis fargesii* Franch.
乌蔹莓	*Cayratia japonica* (Thunb.) Gagnep.
土荆芥	*Dysphania ambrosioides* (Linnaeus) Mosyakin & Clemants
芋头	*Colocasia esculenta* (L.) Schott.
香附子	*Cyperus rotundus* L.
黄独	*Dioscorea bulbifera* L.
日本薯蓣	*Dioscorea japonica* Thunb.
单叉对囊蕨	*Deparia unifurcata* (Baker) Kato
楼梯草	*Elatostema involucratum* Franch. et Sav.
金荞麦	*Fagopyrum dibotrys* (D. Don) Hara

(二)恩施马鹿河

物种名	拉丁名
白簕	*Eleutherococcus trifoliatus*(Linnaeus)S. Y. Hu
牛膝	*Achyranthes bidentata* Blume
红果黄肉楠	*Actinodaphne cupularis*(Hemsl.)Gamble
瓜木	*Alangium platanifolium*(Sieb. et Zucc.)Harms.
打破碗花花	*Anemone hupehensis* Lem.
野棉花	*Anemone vitifolia* Buch. -Ham.
楤木	*Aralia elata*(Miq.)Seem.
百两金	*Ardisia crispa*(Thunb.)A. DC.
广防己	*Aristolochia fangchi* Y. C. Wu
竹叶兰	*Arundina graminifolia*(D. Don)Hochr.
天门冬	*Asparagus cochinchinensis*(Lour.)Merr.
苎麻	*Boehmeria nivea*(L.)Gaudich. var. *nivea*
灯台树	*Cornus controversa* Hemsley
构树	*Broussonetia papyrifera*(Linn.)L'Hér. ex Vent.
木防己	*Cocculus orbiculatus*(L.)DC.
尖连蕊茶	*Camellia cuspidata*(Kochs)Wright ex Gard.
灰楸	*Catalpa fargesii* Bur.
粗糠柴	*Mallotus philippensis*(Lam.)Muell. Arg.
紫弹树	*Celtis biondii* Pamp.
三尖杉	*Cephalotaxus fortunei* Hooker
樱桃	*Cerasus pseudocerasus*(Lindl.)G. Don
多穗金粟兰	*Chloranthus multistachys* Pei
金毛狗	*Cibotium barometz*(L.)J. Sm.
绣球藤	*Clematis montana* Buch. -Ham. ex DC.
臭牡丹	*Clerodendrum bungei* Steud.
柳杉	*Cryptomeria japonica* var. *sinensis* Miquel
小叶青冈	*Cyclobalanopsis myrsinifolia*(Blume)Oersted
大叶贯众	*Cyrtomium macrophyllum*(Makino)Tagawa
水麻	*Debregeasia orientalis* C. J. Chen.
常山	*Dichroa febrifuga* Lour.
万寿竹	*Disporum cantoniense*(Lour.)Merr.

（三）宣恩肖家湾

物种名	拉丁名
牛膝	*Achyranthes bidentata* Blume
中华猕猴桃	*Actinidia chinensis* Planch.
铁线蕨	*Adiantum capillus-veneris* L.
五叶木通	*Akebia quinata* (Thunb.) Decne
钝药野木瓜	*Stauntonia leucantha* Diels ex C. Y. Wu
八角枫	*Alangium platanifolium* (Sieb. et Zucc.) Harms
五月艾	*Artemisia indica* Willd.
三脉紫菀	*Aster trinervius* subsp. *ageratoides* (Turczaninow) Grierson
野燕麦	*Avena fatua* Linn.
苎麻	*Boehmeria nivea* (L.) Gaudich.
樱桃	*Cerasus pseudocerasus* (Lindl.) G. Don
大叶金腰	*Chrysosplenium macrophyllum* Oliv.
石柑子	*Pothos chinensis* (Raf.) Merr.
仙茅	*Curculigo orchioides* Gaertn.
白首乌	*Cynanchum bungei* Decne.
香附子	*Cyperus rotundus* Linn.
水麻	*Debregeasia orientalis* C. J. Chen
阔鳞鳞毛蕨	*Dryopteris championii* (Benth.) C. Chr.
蛇莓	*Duchesnea indica* (Andr.) Focke
楼梯草	*Elatostema involucratum* Franch. et Sav.
何首乌	*Fallopia multiflora* (Thunb.) Harald.
大叶水龙骨	*Goniophlebium raishaense* (Rosenst.) L. Y. Kuo
绞股蓝	*Gynostemma pentaphyllum* (Thunb.) Makino
降龙草	*Hemiboea subcapitata* Clarke
接骨草	*Sambucus javanica* Blume
马桑绣球	*Hydrangea aspera* D. Don
糯米团	*Hyrtanandra hirta* (Bl.) Miq.
管茎凤仙花	*Impatiens tubulosa* Hemsl.
箬竹	*Indocalamus tessellatus* (Munro) Keng f.

(四)建始青龙河

物种名	拉丁名
红果黄肉楠	*Actinodaphne cupularis* (Hemsl.) Gamble
三叶木通	*Akebia trifoliata* (Thunb.) Koidz.
山麻杆	*Alchornea davidii* Franch.
葎叶蛇葡萄	*Ampelopsis humulifolia* Bge.
五月艾	*Artemisia indica* Willd.
野燕麦	*Avena fatua* L.
苎麻	*Boehmeria nivea* (L.) Gaudich.
打碗花	*Calystegia hederacea* Wall.
中华薹草	*Carex chinensis* Retz.
栗	*Castanea mollissima* Bl.
大芽南蛇藤	*Celastrus gemmatus* Loes.
紫弹树	*Celtis biondii* Pamp.
蜡梅	*Chimonanthus praecox* (L.) Link
灯台树	*Cornus controversa* Hemsley
梾木	*Cornus macrophylla* Wallich
柳杉	*Cryptomeria japonica* var. *sinensis* Miquel
杉木	*Cunninghamia lanceolata* (Lamb.) Hook.
贯众	*Cyrtomium fortunei* J. Sm.
麻竹	*Dendrocalamus latiflorus* Munro
楼梯草	*Elatostema involucratum* Franch. et Sav.
弯叶画眉草	*Eragrostis curvula* (Schrad.) Nees.
枇杷	*Eriobotrya japonica* (Thunb.) Lindl.
地果	*Ficus tikoua* Bur.
红茴香	*Illicium henryi* Diels.
千金子	*Leptochloa chinensis* (L.) Nees
香叶子	*Lindera fragrans* Oliv.
忍冬	*Lonicera japonica* Thunb.
宜昌过路黄	*Lysimachia henryi* Hemsl.
芭蕉	*Musa basjoo* Sieb. et Zucc.
肾蕨	*Nephrolepis cordifolia* (Linnaeus) C. Presl

(五)通山九宫山

物种名	拉丁名
五角枫	*Acer pictum* subsp. *mono*（Maxim.）H. Ohashi
豆腐柴	*Permna microphylla* Turcz.
金钱蒲	*Acorus gramineus* Soland.
狗枣猕猴桃	*Actinidia kolomikta*（Maxim. & Rupr.）Maxim.
三脉紫菀	*Aster trinervius* subsp. *ageratoides*（Turczaninow）Grierson
苎麻	*Aster trinervius* subsp. *ageratoides*（Turczaninow）Grierson
悬铃叶苎麻	*Boehmeria tricuspis*（Hance）Makino.
黑面神	*Breynia fruticosa*（Linn.）Hook. f.
葡蟠	*Broussonetia kaempferi* Sieb.
大花醉鱼草	*Buddleja colvilei* J. D. Hooker et Thomson
云实	*Caesalpinia decapetala*（Roth）Alston
尖连蕊茶	*Camellia cuspidata*（Kochs）Wright ex Gard.
茶	*Camellia sinensis*（L.）O. Ktze.
中华薹草	*Carex chinensis* Retz.
楸	*Catalpa bungei* C. A. Mey
乌蔹莓	*Cayratia japonica*（Thunb.）Gagnep.
黑弹树	*Celtis bungeana* Bl.
藤	*Broussonetia kaempferi* var. *australis* Suzuki
川桂	*Cinnamomum wilsonii* Gamble
灰毛大青	*Clerodendrum canescens* Wall. ex Walp.
凤丫蕨	*Caniogramme japonica*（Thurb.）Diels
黄檀	*Dalbergia hupeana* Hance
交让木	*Daphniphyllum macropodium* Miq.
溲疏	*Deutzia scabra* Thunb.
蛇莓	*Duchesnea indica*（Andr.）Focke
日本杜英	*Elaeocarpus japonicus* Sieb. et Zucc.
香果树	*Emmenopterys henryi* Oliv.
臭檀吴萸	*Tetradium daniellii*（Bennett）T. G. Hartley
牛鼻栓	*Fortunearia sinensis* Rehd et Wils.
苦枥木	*Fraxinus insularis* Hemsl.

(六) 黄石黄荆山

物种名	拉丁名
五加	*Acanthopanax gracilistylus* W. W. Smith
土牛膝	*Achyranthes aspera* L.
筋骨草	*Ajuga ciliata* Bunge
金线草	*Antenoron filiforme* (Thunb.) Rob. et Vaut.
一把伞南星	*Arisaema erubescens* (Wall.) Schott
羊齿天门冬	*Asparagus filicinus* D. Don
马兰	*Aster indicus* Linn.
孝顺竹	*Bambusa multiplex* (Lour.) Raeuschel ex J. A. et J. H. Schult.
苎麻	*Boehmeria nivea* (L.) Gaudich.
构树	*Broussonetia papyrifera* (Linnaeus) L'Heritier ex Ventenat
打碗花	*Calystegia hederacea* Wall.
茶	*Camellia sinensis* (L.) O. Ktze.
黑弹树	*Celtis bungeana* Bl.
朴树	*Celtis sinensis* Pers.
粗榧	*Cephalotaxus sinensis* (Rehder et E. H. Wilson) H. L. Li
天竺桂	*Cinnamomum japonicum* Sieb.
野黄桂	*Cinnamomum jensenianum* Hand. -Mazz.
刺儿菜	*Cirsium arvense* var. *integrifolium* C. Wimm. et Grabowski
臭牡丹	*Clerodendrum bungei* Steud.
海州常山	*Clerodendrum trichotomum* Thunb.
风轮菜	*Clinopodium chinense* (Benth.) O. Ktze.
紫堇	*Corydalis edulis* Maxim.
香附子	*Cyperus rotundus* L.
柿	*Diospyros kaki* Thunb.
万寿竹	*Disporum cantoniense* (Lour.) Merr.
蛇莓	*Duchesnea indica* (Andr.) Focke
胡颓子	*Elaeagnus pungens* Thunb.
小果蔷薇	*Rosa cymosa* Tratt.
卫矛	*Euonymus alatus* (Thunb.) Sieb.
扶芳藤	*Euonymus fortunei* (Turcz.) Hand. -Mazz.

（七）竹山洪坪

物种名	拉丁名
中华猕猴桃	*Actinidia chinensis* Planch.
臭椿	*Ailanthus altissima* （Mill.） Swingle
纤枝兔儿风	*Ainsliaea gracilis* Franch.
三叶木通	*Akebia trifoliata* （Thunb.） Koidz.
朱砂根	*Ardisia crenata* Sims
荩草	*Arthraxon hispidus* （Trin.） Makino
三脉紫菀	*Aster trinervius* subsp. *ageratoides* （Turczaninow） Grierson
旋蒴苣苔	*Boea hygrometrica* （Bunge） R. Br.
赤麻	*Boehmeria silvestrii* （Pampanini） W. T. Wang
老鸦糊	*Callicarpa giraldii* Hesse ex Rehd.
中华薹草	*Carex chinensis* Retz.
三尖杉	*Cephalotaxus fortunei* Hooker
宜昌橙	*Citrus cavaleriei* H. Lév. ex Cavalier
钝齿铁线莲	*Clematis apiifolia* var. *argentilucida* （H. Léveillé & Vaniot） W. T. Wang
铁线莲	*Clematis florida* Thunb.
大叶贯众	*Cyrtomium macrophyllum* （Makino） Tagawa
宜昌鳞毛蕨	*Dryopteris enneaphylla* （Bak.） C. Chr.
楼梯草	*Elatostema involucratum* Franch. et Sav.
血水草	*Eomecon chionantha* Hance
扶芳藤	*Euonymus fortunei* （Turcz.） Hand. -Mazz.
异叶榕	*Ficus heteromorpha* Hemsl.
爬藤榕	*Ficus sarmentosa* var. *impressa* （Champ.） Corner
路边青	*Geum aleppicum* Jacq.
常春藤	*Hedera nepalensis* var. *sinensis* （Tobl.） Rehd.
肖菝葜	*Heterosmilax japonica* Kunth
蜡莲绣球	*Hydrangea strigosa* Rehd.
山桐子	*Idesia polycarpa* Maxim.
湖北凤仙花	*Impatiens pritzelii* Hook. f.
鸢尾	*Iris tectorum* Maxim.
棣棠花	*Kerria japonica* （L.） DC.

（八）谷城玛瑙观

物种名	拉丁名
小叶六道木	*Abelia parvifolia* Hemsl.
三叶木通	*Akebia trifoliata*（Thunb.）Koidz.
八角枫	*Alangium chinense*（Lour.）Harms
打破碗花花	*Anemone hupehensis* Lem.
朱砂根	*Ardisia crenata* Sims
细辛	*Asarum heterotropoides* Fr. Schmidt
重阳木	*Bischofia polycarpa*（Levl.）Airy Shaw
扁穗草	*Blysmus compressus*（L.）Panz.
雀舌黄杨	*Buxus bodinieri* Lévl.
华中樱桃	*Cerasus conradinae*（Koehne）Yu et Li
川桂	*Cinnamomum wilsonii* Gamble
紫堇	*Corydalis edulis* Maxim.
黄栌	*Cotinus coggygria* Scop.
大叶贯众	*Cyrtomium macrophyllum*（Makino）Tagawa
盾叶薯蓣	*Dioscorea zingiberensis* C. H. Wright
君迁子	*Diospyros lotus* Linn.
八角莲	*Dysosma versipellis*（Hance）M. Cheng ex Ying
楼梯草	*Elatostema involucratum* Franch. et Sav.
弯叶画眉草	*Eragrostis curvula*（Schrad.）Nees.
何首乌	*Fallopia multiflora*（Thunb.）Harald.
薜荔	*Ficus pumila* Linn.
银杏	*Ginkgo biloba* Linn.
绞股蓝	*Gynostemma pentaphyllum*（Thunb.）Makino
常春藤	*Hedera nepalensis* K. Koch var. *sinensis*（Tobl.）Rehd.
湖北凤仙花	*Impatiens pritzelii* Hook. f.
箬竹	*Indocalamus tessellatus*（munro）Keng f.
鸢尾	*Iris tectorum* Maxim.
香叶树	*Lindera communis* Hemsl.
山胡椒	*Lindera glauca*（Sieb. et Zucc.）Bl.
枫香树	*Liquidambar formosana* Hance

参考文献

巢林，洪滔，林卓，等，2014. 中亚热带杉阔混交林直径分布研究[J]. 中南林业科技大学学报，34（9）：31-37.

陈彩霞，王瑞辉，吴际友，等，2013. 持续干旱条件下红椿无性系幼苗的生理响应[J]. 中南林业科技大学学报，33(9)：46-49.

陈宏伟，李大伟，史富强，等，2010. 旱冬瓜用材林优树选择标准的研究[J]. 西部林业科学，39(1)：6-10.

陈晓德，1998. 植物种群与群落结构动态量化分析方法研究[J]. 生态学报，18(2)：214-217.

陈晓阳，沈熙环，2005. 林木育种学[M]. 北京：高等教育出版社：57-59.

陈小勇，2000. 生境片段化对植物种群遗传结构的影响及植物遗传多样性保护[J]. 生态学报，20(5)：884-892.

池源，郭振，石洪华，等，2017. 北长山岛人工林健康状况评价[J]. 生态科学，36(1)：215-223.

戴慈荣，郑卫华，乔卫阳，等，2010. 毛红椿育苗和造林技术[J]. 华东森林经理，24(1)：25-27.

戴其生，张梅林，徐玉伟，等，1997. 红楝子人工造林试验初报[J]. 安徽林业科技，1：33-34.

刁松锋，邵文豪，姜景民，等，2014. 基于种实性状的无患子天然群体表型多样性研究[J]. 生态学报，34(6)：1451-1460.

范佳佳，盛继露，李晓红，等，2018. 基于SSR分子标记的青檀自然居群交配系统分析[J]. 植物资源与环境学报，27(4)：110-112.

范建华，2007. 马尾松毛红椿混交林生长效果和土壤肥力研究[J]. 防护林科技，78(3)：21-23.

樊文强，盖红梅，孙鑫，等，2016. SSR数据格式转换软件DataFormater[J]. 分子植物育种，14(1)：265-270.

方元平，刘胜祥，项俊，等，2007. 湖北省榉树自然种群分布研究[J]. 长江流域资源与环境，16(6)：744-746.

冯云，马克明，张育新，等，2007. 北京东灵山辽东栎（*Quercus liaotungensis*）林沿海拔梯度的物种多度分布[J]. 生态学报，27(11)：4743-4750.

付方林，张露，杨清培，等，2007. 毛红椿天然林优势种群的种间联结性研究[J]. 江西农业大学学报，29(6)：982-987.

傅书遐，2002. 湖北植物志[M]. 武汉：湖北科学技术出版社.

高利霞，毕润成，闫明，2011. 山西霍山油松林的物种多度分布格局[J]. 植物生态学报，35(12)：1256-1270.

葛颂，王明庥，陈岳武，1988. 用同工酶研究马尾松群体的遗传结构[J]. 林业科学，24(4)：399-409.

国家林业局. 中国主要栽培珍贵树种参考名录(2017年版)[DB/OL]. [2017-11-09]. http：//www. gov. cn/xinwen /2017-11/09/content_ 5238247_ htm.

何承忠，张晏，段安安，等，2009. 滇杨优树无性系苗期叶片性状变异分析[J]. 西北林学院学报，24(6)：28-32.

何贵整，梁刚，蔡林，等，2012. 南方濒危树种红椿实生苗容器育苗技术[J]. 林业实用技术，10：28-29.

洪伟，王新功，吴承祯，等，2004. 濒危植物南方红豆杉种群生命表及谱分析[J]. 应用生态学报，15(6)：1109-1112.

胡方洁，张健，杨万勤，等，2012. Pb胁迫对红椿(*Toona ciliata* Roem.)生长发育及Pb富集特性的影响[J]. 农业环境科学学报，31(2)：284-291.

湖北省土壤肥料工作站，湖北省土壤普查办公室，2015. 湖北省土种志[M]. 武汉：湖北科学技术出版社.

湖北省第一次全国地理国情普查领导小组办公室. 植被覆盖(全省种植土地、林草覆盖等植被覆盖的类别、面积、构成及空间分布)[DB/OL]. [2017-10-25]. http：//zrzyt. Hubei. gov. cn/bmdt/ztzl/hbsdycqgdlgqpcgb/gbfb/201910/ t20191031_ 209614. shtml.

花焜福，2006. 杉木毛红椿混交林生长效应研究[J]. 福建农业科技，4：75-77.

黄红兰，梁跃龙，张露，2010. 毛红椿资源保护和培育的研究现状与对策[J]. 林业科技开发，24(1)：10-14.

黄红兰，廖忠民，张露，2011. 毛红椿施肥技术研究进展[J]. 福建林业科技，38(3)：183-186.

黄康有，廖文波，金建华，等，2007. 海南岛吊罗山植物群落特征和物种多样性分析[J]. 生态环境学报，16(3)：900-905.

黄寿先，周传明，黎海利，等，2008. 大叶栎优树选择研究[J]. 广西农业生物科学，27(3)：266-269.

惠刚盈，胡艳波，徐海，2007. 结构化森林经营[M]. 北京：中国林业出版社.

惠刚盈，盛炜彤，1995. 林分直径结构模型的研究[J]. 林业科学研究，8(2)：127-131.

季孔庶，王章荣，邱进清，等，2004. 马尾松纸浆材无性系选育和多地点试种[J]. 林业科学，40(1)：64-69.

江洪，1992. 云杉种群生态学[M]. 北京：中国林业出版社，8-26.

蒋宣斌，王轶浩，田艳，等，2011. 峡谷石漠化地区红椿、任豆、紫穗槐造林试验初报[J]. 四川林业科技，32(1)：89-93.

金则新，顾婧婧，李钧敏，2012. 基于形态及分子标记的濒危植物夏蜡梅自然居群的遗传变异研究[J]. 生态学报，32(12)：3849-3858.

兰国玉，雷瑞德，2003. 植物种群空间分布格局研究方法概述[J]. 西北林学院学报，18(2)：17-21.

雷相东，唐守正，2002. 林分结构多样性指标研究综述[J]. 林业科学，38(3)：140-146.

李斌，顾万春，卢宝明，2002. 白皮松天然群体种实性状表型多样性研究[J]. 生物多样性，10(2)：181-188.

李家洲，卢海啸，吴华县，等，2009. 红椿不同提取物药理活性初探[J]. 安徽农业科学，37(29)：14164-14166.

李培，阙青敏，欧阳昆唏，等，2016. 不同种源红椿SRAP标记的遗传多样性分析[J]. 林业科学，52(1)：62-70.

李伟，林富荣，郑勇奇，等，2013. 皂荚天然群体间种实表型特性及种子萌发的差异分析[J]. 植物资源与环境学报，22(4)：70-75.

李文英，顾万春，2005. 蒙古栎天然群体表型多样性研究[J]. 林业科学，41(1)：49-56.

李晓清，贾廷彬，张炜，等，2013. 红椿人工林密度试验研究[J]. 四川林业科技，34(1)：33-36.

李效雄，刘贤德，赵维俊，2013. 祁连山青海云杉林动态监测样地群落特征[J]. 中国沙漠，33(1)：95-100.

梁瑞龙，廖仁雅，戴俊，2011. 红椿濒危原因分析及保护策略[J]. 广西林业科学，40(3)：201-203.

林玲，王军辉，罗建，等，2014. 砂生槐天然群体种实性状的表型多样性[J]. 林业科学，50(4)：137-143.

刘丹，刘斌，曾钦朦，等，2019. 闽楠优良基因型遗传差异的SSR分析[J]. 森林与环境学报，39(5)：449-453.

刘光金，贾宏炎，卢立华，等，2014. 不同林龄红椎人工林优树选择技术[J]. 东北林业大学学报，42(5)：9-12.

刘球，陈彩霞，吴际友，等，2013. 红椿无性系幼苗叶片抗氧化酶指标对干旱胁迫的响应[J]. 中南林业科技大学学报，33(11)：73-76.

刘军，陈益泰，何贵平，等，2008a. 毛红椿优树子代苗期性状遗传变异研究[J]. 江西农业大学学报，30(1)：64-67.

刘军，陈益泰，孙宗修，等，2008b. 基于空间自相关分析研究毛红椿天然居群的空间遗传结构[J]. 林业科学，44(6)：45-51.

刘军，陈益泰，姜景民，等，2009. 毛红椿群体遗传结构的SSR分析[J]. 林业科学研究，22(1)：37-41.

刘军，姜景民，邹军，等，2013. 中国特有濒危树种毛红椿核心和边缘居群的遗传多样性[J]. 植物生态学报，37(1)：52-60.

刘军，张海燕，姜景民，等，2011. 毛红椿种实和苗期生长性状地理种源变异[J]. 南京林业大学学报(自然科学版)，35(3)：55-59.

刘志龙，虞木奎，马跃，等，2011. 不同种源麻栎种子和苗木性状地理变异趋势面分析[J]. 生态学报，31(22)：6796-6804.

刘志龙，马跃，谌红辉，等，2014. 顶果木天然林优树的选择标准[J]. 南京林业大学学报(自然科学版)，38(5)：153-156.

柳江群，尹明宇，左丝雨，等，2017. 长柄扁桃天然居群表型变异[J]. 植物生态学报，41(10)：1091-1102.

柳新红，王章荣，2006. 浙西南速生工业原料林阔叶树种评价与选择研究[J]. 林业科学研究，19(4)：497-513.

龙汉利，冯毅，向青，等，2011. 四川盆周山地红椿生长特性研究[J]. 四川林业科技，32(3)：37-41.

卢海啸，李典鹏，曾涛，2006. 红楝提取物对菜青虫幼虫的生物活性[J]. 中国野生植物资源，25(1)：58-60.

卢海啸，李家洲，莫花浓，等，2008. 红楝子提取物对小鼠记忆和耐力的影响[J]. 中国野生植物资源，27(4)：55-58.

卢海啸，李家洲，莫花浓，等，2009. 红楝子枝叶化学成分研究[J]. 中药材，32(10)：1539-1542.

吕海英，王孝安，李进，等，2014. 珍稀植物银砂槐中国分布区的种群结构与动态分析[J]. 西北植物学报，34(1)：177-183.

马克平，刘灿然，于顺利，等，1997. 北京东灵山地区植物群落多样性的研究Ⅲ. 几种类型森林群落的种—多度关系研究[J]. 生态学报, 17(6): 573-583.

孟宪宇, 1996. 测树学[M]. 北京: 中国林业出版社: 34-35.

马育华, 1980. 植物育种的数量遗传学基础[M]. 南京: 江苏科学技术出版社.

聂森, 张勇, 仲崇禄, 等, 2012. 福建沿海木麻黄速生抗性无性系选育[J]. 福建林学院学报, 32(4): 300-304.

庞广昌, 姜冬梅, 1995. 群体遗传多样性和数据分析[J]. 林业科学, 31(6): 543-550.

庞正轰, 黄妹兰, 戴庆辉, 等, 2011. 西南桦天然林优树选择研究[J]. 广西科学, 18(4): 364-368.

覃林, 温远光, 罗应华, 等, 2009. 大明山云贵山茉莉群落物种多度分布的 Weibull 模型[J]. 广西植物, 29(1): 116-119.

覃林, 2009. 统计生态学[M]. 北京: 中国林业出版社: 71-72.

屈楚秦, 樊军锋, 高建设, 等, 2017. 毛白杨速生大径材优良无性系选育研究[J]. 西北林学院学报, 32(5): 115-119.

任萍, 王孝, 郭华, 2009. 黄土高原森林群落物种多度的分布格局[J]. 生态学杂志(28): 1449-1455.

尚帅斌, 郭俊杰, 王春胜, 等, 2015. 海南岛青梅天然居群表型变异[J]. 林业科学, 51(2): 154-162.

史富强, 童清, 杨华景, 等, 2014. 柚木优良无性系的早期选择[J]. 东北林业大学, 42(2): 14-16.

宋鹏, 张懿琳, 辜云杰, 等, 2013. 红椿半同胞家系苗期特性分析[J]. 浙江林业科技, 33(3): 74-78.

唐金, 李霞, 赵钊, 等, 2010. 荒漠植物多样性及优势种群空间格局对环境响应分析: 以古尔班通古特沙漠为例[J]. 新疆农业科学, 47(10): 2084-2090.

唐岚, 杜超群, 江厚利, 等, 2013. 鄂西大叶杨基因资源调查与优树选择研究[J]. 湖北林业科技, 42(6): 36-38.

王丽, 赵桂仿, 2005. 植物不同种属间共用微卫星引物的研究[J]. 西北植物学报(08): 1540-1546.

王明亮, 孙德宙, 1998. Logistic 分布预测林分直径结构的研究[J]. 林业科学研究, 11(5): 537-541.

王世雄, 王孝安, 李国庆, 等, 2010. 陕西子午岭植物群落演替过程中物种多样性变化与环境解释[J]. 生态学报, 30(6): 1638-1647.

王天巍, 2017. 中国土系志湖北卷[M]. 北京: 科学出版社.

王娅丽，李毅，2008. 祁连山青海云杉天然群体的种实性状表型多样性[J]. 植物生态学报，32(2)：355-362.

王映明，1986. 湖北省植被分类的研究——Ⅰ自然植被[J]. 武汉植物学研究，4(3)：239-252.

王映明，1995. 湖北植被地理分布的规律性（上）[J]. 武汉植物学研究，13(1)：47-54.

汪殿蓓，暨淑仪，陈飞鹏，2001. 植物群落物种多样性研究综述[J]. 生态学杂志，20(4)：55-60.

汪洋，陈文学，明安觉，等，2019. 湖北红椿天然种群小叶表型性状变异研究[J]. 植物资源与环境学报，28(2)：96-105.

汪洋，郑德国，汪林波，等，2016. 鄂西北红椿天然林优树选择研究[J]. 河南农业科学，45(9)：102-106.

文卫华，吴际友，陈明皋，等，2012. 红椿优树子代苗期生长表现[J]. 中国农学通报，28(34)：36-39.

伍业钢，薛进轩，1988. 阔叶红松林红松种群动态的谱分析[J]. 生态学杂志，7(1)：19-23.

吴承祯，洪伟，闫淑君，等，2004. 珍稀濒危植物长苞铁杉群落物种多度分布模型研究[J]. 中国生态农业学报，12(4)：167-169.

吴承祯，洪伟，郑群瑞，2001. 福建万木林保护区观光木群落物种相对多度模型的拟合研究[J]. 热带亚热带植物学报，9(3)：235-242.

吴昊，张明霞，王得祥，2013. 秦岭南坡油松—锐齿槲栎混交林群落不同层次多样性特征及环境解释[J]. 西北植物学报，33(10)：2086-2094.

吴际友，程勇，王旭军，等，2011. 红椿无性系嫩枝扦插繁殖试验[J]. 安徽林业科技，38(4)5-8.

吴际友，李志辉，刘球，等，2013. 干旱胁迫对红椿无性系幼苗叶片相对含水量和叶绿素含量的影响[J]. 中国农学通报，29(4)：19-22.

吴莉莉，王鸣凤，陈柏林，2006. 红椿树的生物学特性和人工栽培实验研究[J]. 安徽农学通报，12(7)：168-169.

吴永成，1983. 湖北省地域分异规律和自然区划[J]. 武汉师范学院学报，1：51-67.

萧运峰，1983. 安徽省毛红椿子的调查报告[J]. 植物生态学报，7(2)：152-157.

谢晋阳，陈灵芝，1997. 中国暖温带若干灌丛群落多样性问题的研究[J]. 植物生态学报，21(3)：197-207.

解孝满，李景涛，赵合娥，等，2008. 柳树无性系苗期遗传测定与选择[J]. 江苏林业科技，35(3)：6-9，14.

晏姝，胡德活，韦如萍，等，2011. 南洋楹优树选择标准研究[J]. 林业科学研究，24(2)：272-276.

杨传强，2005. 侧柏种源的地理变异与选择及其子代的遗传变异研究[D]. 泰安：山东农业大学.

杨维泽，金航，杨美权，等，2011. 云南滇龙胆居群表型多样性及其与环境关系研究[J]. 西北植物学报，31(7)：1326-1334.

冶民生，关文彬，谭辉，等，2004. 岷江干旱河谷灌丛α多样性分析[J]. 生态学报，24(6)：1123-1130.

叶培忠，陈岳武，阮益初，等，1981. 杉木早期选择的研究[J]. 南京林产工业学院学报(1)：106-116.

易官美，黎建辉，王冬梅，等，2013. 南方红豆杉SSR分布特征分析及分子标记的开发[J]. 园艺学报，40(3)：571-578.

尹明宇，姜仲茂，朱绪春，等，2016. 内蒙古山杏居群表型变异[J]. 植物生态学报，40(10)：1090-1099.

于树成，张桂芹，王宏，等，2008. 水曲柳优树选择技术[J]. 林业勘查设计(1)：49-50.

袁洁，尹光天，杨锦昌，等，2013. 米老排天然群体的种实表型变异研究初报[J]. 热带作物学报，34(10)：2057-2062.

曾杰，郑海水，甘四明，等，2005. 广西西南桦天然居群的表型变异[J]. 林业科学，41(2)：59-65.

湛欣，鲁好君，赵帅，等，2016. 红椿SSR-PCR体系建立和多态性引物筛选[J]. 林业科学研究，29(4)：565-570.

张翠琴，姬志峰，林丽丽，等，2015. 五角枫种群表型多样性[J]. 生态学报，35(16)：5343-5352.

张岗岗，王得祥，刘文桢，等，2014. 火地塘林区不同径级华北落叶松结构参数研究[J]. 西北林学院学报，29(6)：180-185.

张金屯，1999. 美国纽约州阔叶林物种多度格局的研究[J]. 植物生态学报，23(6)：481-489.

张连金，胡艳波，赵中华，等，2015. 北京九龙山侧柏人工林空间结构多样性[J]. 生态学杂志，34(1)：60-69.

张露，郭联华，杜天真，等，2006. 遮阴和土壤水分对毛红椿幼苗光合特性的影响[J]. 南京林业大学学报(自然科学版)，30(5)：63-66.

张美玲, 李巧明, 2011. 濒危植物望天树 SSR-PCR 反应体系的优化[J]. 云南大学学报(自然科学版), 33(S2): 425-432.

张汝忠, 彭佳龙, 王坚娅, 等, 2007. 毛红椿播种育苗技术及苗期生长规律研究[J]. 浙江林业科技, 27(4): 51-53.

张万儒, 杨光澄, 屠星南, 等, 1999. 中华人民共和国林业行业标准—森林土壤分析方法[M]. 北京: 中国标准出版社, 1-7.

张文辉, 1998. 裂叶沙参种群生态学研究[M]. 哈尔滨: 东北林业大学出版社.

张文辉, 王延平, 康永祥, 等, 2004. 濒危植物太白红杉种群年龄结构及其时间序列预测分析[J]. 生物多样性, 12 (3): 361-369.

张雄清, 雷渊才, 2009. 北京山区天然栎林直径分布的研究[J]. 西北林学院学报, 24(6): 1-5.

张亚东, 钟艺, 周国清, 等, 2013. 湖北恩施种源红椿不同家系育苗试验初报[J]. 湖北林业科技, 3: 17-20.

赵汝玉, 李光友, 徐建民, 等, 2005. 红椿育苗及造林技术[J]. 广西林业科学, 34(3): 55-56.

郑江坤, 魏天兴, 郑路坤, 等, 2009. 坡面尺度上地貌对α生物多样性的影响[J]. 生态环境学报, 18(6): 2254-2259.

郑天汉, 兰思仁, 2013. 红豆树天然林优树选择[J]. 福建农林大学学报(自然科学版)42(2): 366-370.

郑万钧, 1983. 中国树木志: 第1卷[M]. 北京: 中国林业出版社, 797.

中国科学院植物研究所, 1994. 中国高等植物图鉴[M]. 北京: 科学出版社.

中国树木志编委会, 1981. 中国主要树种造林技术[M]. 北京: 中国林业出版社.

中国植物志编辑委员会, 1997. 中国植物志: 第四十三卷第三分册[M]. 北京: 科学出版社, 36-37.

周荣汉, 段金廒, 2005. 植物化学分类学 [M]. 上海: 上海科学技术出版社.

周永丽, 解锦华, 鄢武先, 等, 2012. 红椿扦插育苗试验[J]. 西南林业大学学报, 32(4): 103-106.

周永学, 苏晓华, 樊军锋, 等, 2004. 引种欧洲黑杨无性系苗期生长测定与选择[J]. 西北农林科技大学学报: 自然科学版, 32(10): 102-106.

宗世贤, 陶金川, 杨志斌, 等, 1988. 毛红椿的生态地理分布及其南京引种的初步观察[J]. 植物生态学与地植物学学报, 12(3): 222-231.

邹高顺, 1994. 珍贵树种红椿与毛红椿引种栽培研究[J]. 福建林学院学报, 14(3): 271-276.

邹军, 2012. 红椿发芽试验与育苗技术[J]. 云南农业科技, 6: 47-48.

BELL G, 2001. Neutral Macroecology[J]. Science, 293(5539): 2413-2418.

BLISS C L, REINKER K A, 1964. A log-normal approach to diameter distributions in even-aged stands [J]. Forest science, 10: 350-360.

BORDERS B E, SOUTER R A, BAILEY, et al, 1987. Percentile-based distributions characterize forest stand tables[J]. Forest sciences (33): 570-576.

BORDERS B E, SOUTER R A, BAILEY R L, et al, 2002. Percentile-based distributions characterize forest stand tables[C]// Burnham K P, Anderson D R. Model Selection and Multi-Model Inference: a Practical Information-Theoretic Approach 2nd edn. New York Springer-Verlag.

BURKHARTE H E, TOMÉ M, 2012. Modeling forest trees and stands[M]. Springer Netherlands.

CHOWDHURY R, HASAN C M, RASHID M A, 2003. Bioactivity from *Toona ciliata* Stem Bark[J]. Pharmaceutical biology, 41(4): 281-283.

DUAN A G, FU L H, ZHANG J G, 2019. Self-thinning rules at Chinese fir (*Cunninghamia lanceolata*) plantations, based on a permanent density trial in southern China[J]. Journal of Resources and Ecology, 10(3): 315-323.

FERREIRA R T, VIANA A P, BARROSO D G, e al, 2012. *Toona ciliata* genotype selection with the use of individual BLUP with repeated measures[J]. Scientia Agricola, 69(3): 210-216.

FISHER R A, CORBET A S, WILLIAMS C B, 1943. The relation between the number of species and the number of individuals in a random sample of animal population[J]. Journal of animal ecology, 12(1): 42-58.

GADOW K V, ZHANG C Y, WEHENKEL C, et al, 2012. Chapter 2: forest structure and diversity[M]. Pukkala T, Gadow KV (eds) Continuous cover forestry. Springer, Berlin: Managing Forest Ecosystems, (23): 29-83.

GITTINS R, 1985. Canonnical analysis, a review with applications in ecology[M]. Berlin: Sprinter Verlag.

HAARA A, MALTOMO M, TOKOLA T, 1997. The k-nearest-neighbor method for estimating basal-area diameter distribution [J]. Scandinavian Journal of Forest Research (12): 200-208.

HAMRICK J L, GODT M J W, 1995, Sherman-Broyles L S. Gene flow among plant populations: Evidence from genetic markers[C]// Hoch D C, Stephnon A G. Experimental and molecular approaches to plant biosystematics Missouri Botanical Garden: 215-232.

HUBBELL S P, 2001. The unified neutral theory of biodiversity and biogeography [C] // Silvertown J, Amtonovics J. Princeton Monographs in Population Biology. New Jersey: Princeton University Press: 375.

HEINRICH I, 2004. Dendroclimatology of *Toona ciliata* in Australia [C] // Tree Rings in Archaeology, Climatology and Ecology, Vol. 3: Proceedings of the Dendrosymposium 2004, Birmensdorf, Switzerland, 53: 85-95.

JAMES E A, BROWN A J, 2000. Morphological and genetic variation in the endangered Victorian endemic grass*Agrostis adamsonii* Vickery (Poaceae)[J]. Australian Journal of Botany, 48(3): 383-395.

JEAN C B, JOAO A J, ARY T O F, 2010. Intermediary disturbance increases tree diversity in riverine forest of southern Brazil[J]. Biodiversity Conservation 19: 2371-2387.

KEMPTON R A, TAYLOR L R, 1974. Log-series and log-normal parameters as diversitydiscriminants for the Lepidoptera [J]. Journal of Animal Ecology, 43: 381-399.

LEAK W B, 1975. Age distribution in Virgin red spruce and Northern Hard woods [J]. Ecology, 56: 1451-1454.

LEE S L, CHUA L S, NG K K, et al, 2013. Conservation management of rare and predominantly selfing tropical trees: an example using *Hopea bilitonensis* (Dipterocarpaceae) [J]. Biodiversity and Conservation, 22(13/14): 2989-3006.

LEE S L, NG K K S, SAW L G, et al, 2006. Linking the gaps between conservation research and conservation management of rare dipterocarps: a case study of *Shorea lumutensis*[J]. Biological Conservation, 131(1): 72-92.

LEISHMAN M R, WESTOBY M, 1994. Hypotheses on seed size: tests using the semiarid flora of western New South Wales, Australia[J]. The American Naturalist, 143(5): 890-906.

LEISHMAN M R, WESTOBY M, JURADO E, 1995. Correlates of seed size variation: a comparison among five temperate floras[J]. The Journal of Ecology, 83(3): 517-530.

LESICA P, ALLENDORF F W, 1995. When are peripheral populations valuable for conservation? [J]. Conservation Biology, (9): 753-760.

LIUYB, CHENG X D, QIN J J, et al, 2011. Chemical Constituents of *Toona ciliata* var. *pubescens*, 9(2): 115-119.

MACARTHUR R H, 1957. On the relative abundance of bird species[C]. Proceedings of the national academy of sciences, 43: 293-295.

MAGURRAN A E, 1988. Ecological diversity and its measurement [M]. Princeton University Press, New Jersey, 1-79.

MAGURRAN A E, Henderson P A, 2003. Explaining the excess of rare species in natural species abundance distribution[J]. Nature, 422: 714-716.

MANTEL N, 1967. The detection of disease clustering and a generalized regression approach [J]. Cancer Research, 27(2): 209-220.

MAY R M, 1975. Patterns of species abundance and diversity. [C] // Coddy M L, Diamona J Meds. Ecology and evolution of communities. Cambridge Harvard University Press: 81-120.

MCGILL B J, 2010. Species abundance distributions. [M] // MAGURRAN AE, MCGILL BJ. Biological Diversity: Frontiers in Measurement and Assessment. New York: Oxford University Press.

MEYER H A, STEVENSON D D, 1943. The structure and growth of virgin beech-birch-maple-hemlock forests in northern Pennsylvania [J]. Journal of Agricultural Research, 67: 465-484.

MEYER H A, 1952. Structure, growth, and drain in balanced uneven-aged forests[J]. Journal of Forestry, 50(2): 85-92.

MILLER M P, 1997. Tools for population genetic analyses (TFPGA) v 1.3: A windows program for the analysis ofallozyme and molecular genetic data[Z]. Department of Biological Sciences, Northern Arizona University, Flagstaff.

MORETTI B D S, NETO A E F, BENATTI B P, et al, 2012. Characterization of Micronutrient Deficiency in Australian Red Cedar (*Toona ciliata* M. Roem. var. *australis*)[J]. International Journal of Forestry Research, 1-9. Article ID 587094.

MOTONURAL I, 1932. On the statistical treatment of communities[J]. Zoological Magazine (Tokyo), 44: 379-383.

NELSON T C, 1964. Diameter distribution and growth of loblolly pine [J]. Forest Science, 10(1): 105-114.

NAGEL J C, CECONI D E, POLETTO I, et al, 2015. Historical gene flow within and among populations of *Luehea divaricata* in the Brazilian Pampa [J]. Genetica, 143 (3): 317-329.

NEE S, 2002. Biodiversity: Thinking big in ecology[J]. Nature, 417(6886): 229-230.

NEI M, TAJIMA F, TATENO Y, 1983. Accuracy of estimated phylogenetic trees from molecular data[J]. Journal of molecular evolution, 19(2): 153-170.

OBIANG N L E, NGOMANDA A, HYAMA O, et al, 2014. Diagnosing the demographic balance of two light-demanding tree species populations in central Africa from their diameter distribution[J]. Forest ecology and management, 313: 55-62.

PEAKALL R., SMOUSE P E, 2012. GenAlEx 6.5: genetic analysis in Excel. Population genetic software for teaching and research-an update[J]. Bioinformatics, 28, 2537-2539.

PIELOU E C, 1975. Ecological Diversity [M]. New York John Wiley & Sons Inc., 21-23.

PIGLIUCCI M, MURREN C J, SCHLICHTING C D, 2006. Phenotypic plasticity and evolution by genetic assimilation[J]. Journal of experimental biology, 209(12): 2362-2367.

POWELL W, MORGANTE M, ANDRE C, et al, 1996. The comparison of RFLP, RAPD, AFLP and SSR (microsatellite) markers for germplasm analysis [J]. Molecular breeding, 2(3): 225-238.

PRESTON F W, 1948. The commonness, and rarity, of species[J]. Ecology, 29(3): 254-283.

SCHAAL B A, HAYWORTH D A, OLSEN K M, 1998. Phylogeographic studies in plants: problems and prospects[J]. Molecular ecology, 7: 465-475.

NISA S, BIBI Y, ZIA M, et al, 2013. Anticancer investigations on *Carissa opaca* and *Toona ciliata* Extracts against Human Breast Carcinoma Cell Line[J]. Pakistan journal of pharmaceutical science, 26(5): 1009-1012.

STEWART G H, ROSE A B, 1990. The significance of history strategies in the developmental history of mixed beech (Nothofagus) forest, New Zealand [J]. Vegetation, 87: 101-114.

TOKESHI M, 1993. Species abundance patterns and community structure[J]. Advances in ecological Research, 24: 112-186.

WANG Y, YUE D, Li X Z, 2020. Genetic diversity of *Toona ciliata* populations based on SSR markers[J]. Journal of resources and ecology, 11(5): 466-474.

WHITTAKER R H, 1972. Evolution and measurement of species diversity[J]. Taxon, 21: 213-351.

WIDMER A, LEXER C, COZZOLINO S, 2009. Evolution of reproductive isolation in plant[J]. Heredity, 102(1): 31-38.

WRIGHT S, 1951. The genetic structure of populations [J]. Annals of engenics, 15: 323-354.

崇阳实验林场优树无性系

恩施市红椿居群

谷城容器苗

谷城县2年苗

⏶ 红椿

⏶ 红椿花序

⏶ 红椿造林

▲ 湖北半同胞家系

▲ 黄石市黄荆山

◬ 建始县

◬ 咸丰县

◬ 宣恩县

◬ 竹山堵河源保护区